国家自然科学基金青年科学基金项目(51704207)
国家自然科学基金面上项目(51274146)
山西省优秀人才科技创新项目(201705D211004)
山西省高等学校科技创新项目(2017140)

基于宏观表现与微观特性的煤低温氧化机理及其应用研究

张玉龙 著

中国矿业大学出版社

内 容 提 要

煤在低温氧化过程中会呈现出一系列宏观表现及微观特性。宏观表现主要体现为气相氧化产物释放、煤炭质量改变以及系统热量变化等；微观特性主要表现为活性官能团和元素迁移转化等。基于此，本书选取了三种不同变质程度的典型煤种作为研究对象，采取不同研究方法，借助于反应动力学理论及中间络合物理论等，系统研究了这三种煤在程序升温和恒温氧化过程中煤与氧气氧化反应的宏观表现及微观特性，同时对它们之间的关联性进行了分析，在此基础上探讨了煤的自燃机理，并对研究结果进行应用性验证，得到了一系列有意义的结论。本书对煤低温氧化机理进行系统研究，构建煤低温氧化的基础理论，对预测和抑制煤自燃行为具有重要的理论意义和实际应用价值。

本书可作为普通高等学校安全科学与技术专业及相关专业研究生、矿井安全和火灾防治方面的研究人员、煤矿工程技术人员的参考书，也可作为现场从事矿井火灾防治技术及管理人员解决实际问题的得力工具。

图书在版编目(CIP)数据

基于宏观表现与微观特性的煤低温氧化机理及其应用研究 / 张玉龙著. —徐州 ：中国矿业大学出版社，2018.12

ISBN 978-7-5646-4139-9

Ⅰ. ①基… Ⅱ. ①张… Ⅲ. ①煤炭自燃—研究 Ⅳ. ①TD75

中国版本图书馆 CIP 数据核字(2018)第 227471 号

书　　名　基于宏观表现与微观特性的煤低温氧化机理及其应用研究
著　　者　张玉龙
责任编辑　章　毅　李　敬
出版发行　中国矿业大学出版社有限责任公司
（江苏省徐州市解放南路　邮编 221008）
营销热线　(0516)83885307　83884995
出版服务　(0516)83883937　83884920
网　　址　http://www.cumtp.com　**E-mail**:cumtpvip@cumtp.com
印　　刷　江苏淮阴新华印刷厂
开　　本　787×1092　1/16　**印张** 9　**字数** 227 千字
版次印次　2018 年 12 月第 1 版　2018 年 12 月第 1 次印刷
定　　价　36.00 元

前　言

我国是世界上的第一产煤大国，煤炭产量占世界总产量的37%。从我国煤炭消费形势看，煤炭作为我国的主体能源和重要的工业原料，在我国一次能源生产和消费结构中的比重一直保持在75%和70%左右。在煤矿生产过程中，煤炭自燃严重威胁着井下人员的生命安全和矿井安全。据统计，我国煤炭自燃约占井下火灾的70%，自然发火严重的矿区达80%～90%。随着煤田的大规模开发，自燃火灾已成为煤矿生产重大灾害之一，严重地制约着矿井的可持续发展。而煤炭自燃的主要根源在于煤的低温氧化。除了安全方面问题外，煤炭低温氧化也给资源和环境方面带来严峻挑战。经济发展、能源消耗和采矿安全相互关联，安全生产与经济发展目标相一致。因此，无论从安全的角度，还是从资源和环境的角度考虑，煤的低温氧化都备受关注。

多年来，国内外煤矿安全研究工作者长期进行深入的研究，煤炭低温氧化包含一系列复杂的物理变化和化学反应过程，是煤矿安全领域的重要研究课题之一。其中与煤低温氧化相关的煤自燃机理是煤自燃防治相关研究的理论基础，也是该领域的世界难题之一。该方面研究的不足已成为深入了解煤自燃现象的瓶颈，客观上制约了煤自燃防治新技术的发展，也导致了煤矿现场的火灾防治工作存在盲目性。对煤自燃机理进行系统研究，构建煤自燃的理论基础，是当前煤自燃研究领域面临的一个紧迫任务。煤低温氧化理论研究成果有助于深入认识煤自燃过程，能够为煤自燃预报预测、煤自燃防治新方法、新技术的研究提供理论基础，并有效指导煤矿现场的自燃火灾防治工作，对煤炭安全开采具有十分重要的理论意义和使用价值。

本书采取不同研究手段和方法，借助于反应动力学及中间络合物理论等，系统研究了不同特性煤种在低温氧化过程中的宏观表现及微观特性，并对它们之间的关联性进行了分析，在此基础上探讨了相对通用性的煤低温氧化机理，并对其进行了相关的应用分析。全书共分为8章。第1章介绍煤低温氧化过程、国内外研究概况及主要研究内容。第2章介绍煤低温氧化过程中宏观表现与微观特性的测试实验装置和测试方法。第3章采用分批式反应器研究煤恒温氧化过程中CO_2和CO释放的规律，同时考察了不同的因素对CO_2和CO释放的影响，并在研究工作的基础上对煤低温氧化过程中CO_2和CO释放途径及释放动力学特性进行探讨。第4章借助于TG和DSC分析技术，研究煤低温氧化各个过程的质量和热量变化规律及动力学特性，提出了差减热分析方法。第5章通过原位傅里叶红外漫反射光谱对原煤和低温氧化过程(包括程序升温及恒温氧化)中脂肪族C—H组分和含C═O化合物转化规律的研究，以及对不同特性煤种的考察，探讨煤低温氧化行为。第6章将参与煤低温氧化反应的复杂的煤有机体，简化为最基本的组成单体C、H、O、S和N元素，基于氧化过程中，这些元素含量的迁移转化规律，借助于不同动力学模型及中间络合物理论，对煤低温氧化过程动力学特性和热力学特性进行分析研究。第7章结合煤低温氧化过程中微观特性和宏观特征的变化规律进行关联性研究，探讨煤低温氧化机理，提出煤低温氧化过程中存在“同类型基团的自氧化行为”和“同反应序列的自氧化行为”，同时对研究结果进行应用性的分析。第8章总结研究的主要结论、主要创新点和展望。

本书得到了国家自然科学基金青年科学基金项目“不同形态水分参与煤自燃过程的热效应及反应机理研究”（项目编号：51704207）以及国家自然科学基金面上项目“煤自燃过程中氢气生成动力学机理研究与标志性气体的协同预报”（项目编号：51274146）的资助，在此表示感谢。

本书的研究内容为煤炭自燃和矿井火灾防治的理论及实践研究提供了一种新的思路和方法，同时为生产实践中的工程技术人员提供参考。由于作者水平有限，书中难免存在不足之处，敬请批评指正。

作　者

2018年6月

目　录

CHAPTER 1

绪论

1.1 引言

我国是世界上的第一产煤大国，煤炭产量占世界总产量的37%。从我国煤炭消费形势看，煤炭作为我国的主体能源和重要的工业原料，在我国一次能源生产和消费结构中的比重一直保持在75%和70%左右。中国煤炭工业协会提供的数据显示：2012年全国可再生能源利用量为3.78亿t标煤，占能源消费总量的比重达到了10.3%。煤炭作为我国基础能源和重要原料，支撑着国民经济的持续高速发展，在保障我国能源安全中的地位不可替代。《中国可持续能源发展战略》研究报告中指出：至2050年，我国煤炭在一次性能源生产和消费中所占比例不会低于50%；甚至在未来50年内，我国以煤为主的能源消费结构不会发生本质性的改变。

在煤矿生产过程中，煤炭自燃严重威胁着井下人员的生命安全和矿井安全。据统计[1]，我国煤炭自燃约占井下火灾的70%，自然发火严重的矿区达80%～90%。随着煤田的大规模开发，自燃火灾已成为煤矿生产重大灾害之一，严重地制约着矿井的可持续发展。而煤炭自燃的主要根源在于煤的低温氧化。除了安全方面问题外，煤炭低温氧化也给资源和环境方面带来严峻挑战。当煤与氧发生接触时，煤的低温氧化就开始发生。无论是正在开采的煤样，还是自然堆放的煤堆以及在运输过程中的煤炭，都在经历着低温氧化过程。煤的低温氧化会影响煤的分子结构，引起煤炭元素组成及煤炭性质的改变。例如，煤的氧化会破坏煤炭有效组分含量，降低15%左右的热值[2,3]；降低煤表面的疏水特性，影响煤的浮选；降低煤中胶质体含量，影响焦炭质量；降低煤的膨胀性和流动性以及改变煤的微型尺寸等[4-6]。同时煤的低温氧化也会释放大量的温室效应气体，例如CO_2和CH_4等。Carras等[7]估计澳大利亚在1995～1996年间，由于露天煤矿中煤的低温氧化大约排放200万t CO_2。

经济发展、能源消耗和采矿安全相互关联，安全生产与经济发展目标相一致。因此，无论从安全的角度，还是从资源和环境的角度考虑，煤的低温氧化都备受关注。与煤低温氧化相关的煤炭自燃是煤矿一大突出灾害，多年来，国内外煤矿安全研究工作者长期进行深入的研究。煤炭低温氧化包含一系列复杂的物理变化和化学反应过程，是煤矿安全领域的重要研究课题之一。其中与煤低温氧化相关的煤自燃机理是煤自燃防治相关研究的理论基础，也是该领域的世界难题之一。该方面研究的不足已成为深入了解煤自燃现象的瓶颈，客观上制约了煤自燃防治新技术的发展，也导致了煤矿现场的火灾防治工作存在盲目性。对煤自燃机理进行系统研究，构建煤自燃的理论基础，是当前煤自燃研究领域面临的一个紧迫任务。煤低温氧化理论研究成果有助于深入认识煤自燃过程，能够为煤自燃预报预测、煤自燃防治新方法、新技术的研究提供理论基础，并有效指导煤矿现场的自燃火灾防治工作，对煤炭安全开采具有十分重要的理论意义和使用价值。

1.2 煤的低温氧化过程

煤低温氧化反应的主要参与对象就是煤和氧。在煤自燃过程中煤与氧首先进行物理吸附、化学吸附、化学反应等相互作用发生氧化自热，并自动加速，当其氧化产生的热量聚集起来不能及时散发时就会导致煤炭自燃。因此，煤氧化反应是一种气固相催化反应。由于煤发达的孔结构和比表面积，煤氧化过程不仅发生在煤颗粒的外表面，而且发生在煤的内表面。煤的低温氧化过程示意图如图 1-1 所示[8]。

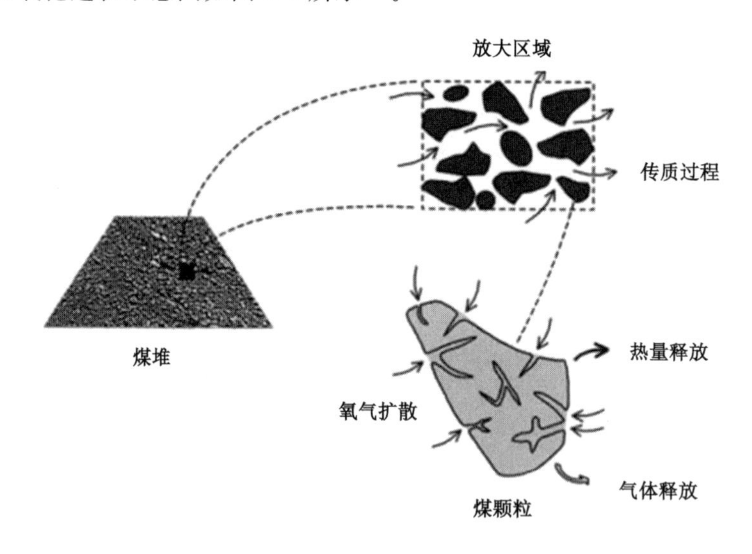

图 1-1　煤的低温氧化过程示意图

煤氧复合传质的过程主要包含以下步骤：① 氧从气相主体扩散到煤颗粒外表面；② 氧经颗粒内微孔扩散到煤颗粒内表面；③ 氧在煤样表面活性中心吸附，并形成过氧化物中间体；④ 过氧化物中间体分解生成 CO_2、CO、H_2O 及 CH_4 等烃类气体；⑤ 反应产物从表面活性中心脱附；⑥ 反应产物经煤颗粒内微孔扩散到其外表面；⑦ 反应产物由煤颗粒外表面扩散进入气流主体。这七个过程中，最主要的是煤与氧气的氧化反应，其决定着煤低温氧化的进程。

当煤样与空气接触时就开始煤的低温氧化。煤的低温氧化是一个不可逆的放热过程，并且反应速率会随着温度的增加而增大。若煤炭氧化过程中产生的热量不能充分通过传导或对流方式消散，煤体温度就会增加，从而加速煤的氧化速率。如果不采取适当的措施，就会发生煤自热过程乃至自燃。当氧化过程中产生的热量能够及时消散时，这个氧化过程就是所谓煤的风化。

一百多年来，国内外研究人员从不同的角度研究，先后提出了十余种理论和假说，其中主要有煤氧复合导因说、黄铁矿导因作用学说、细菌导因说、酚基导因说、电化学作用学说、氢原作用学说、自由基作用学说、基团作用机理等[9-13]。近年来，国内外学者从不同的角度、采用不同的方法对煤自燃的机理进行了研究，并取得一些新的进展，主要体现在以下几个方面[14]：利用热分析技术研究煤自燃机理；从煤的活化能入手研究煤自燃机理；从煤岩组分和化学结构研究煤自燃机理；从煤分子结构模型入手研究煤的自燃机理；从煤氧化学反应和表面反应热的角度研究煤自燃机理等。由于煤岩相组成和空间结构复杂性、煤自热历程多变性、实验条件苛刻性、开采现场波动性以及煤自燃过程复杂性的影响，到目前为止还没有一个能完全解释煤炭自燃的学说。煤自燃的主要参与对象就是煤和氧，因此煤氧复合学说基本上涵盖了其他学说观点。煤氧复合学说从宏观上解释了煤自燃现象，但其观点过于笼统，不能深入分析煤自燃过程，因此无法解决实际中的自然发火问题。黄铁矿导因作用学说、细菌导因说、酚基导因说、电化学作用学说、氢原作用学说等虽然可以解释一些自燃现象，但具有片面性，它们只是煤氧复合作用学说在某一侧重面上的阐述。自由基作用学说、基团作用机理虽然从微观分子水平上解释了煤自燃的微观现象，但不能真实解析煤自燃的整个过程，不能反映煤自燃的宏观表现。因此，从煤自燃的整个过程出发，“微观”变化和“宏观”现象相结合，深入细致地研究煤自燃机理已成为研究煤自燃的必经之路。

1.3 影响煤低温氧化的因素

在煤低温氧化影响因素方面，人们曾做了大量的实验研究工作，主要有两个方面[15]：一是影响煤低温氧化的内在因素；二是影响煤低温氧化的外在因素。影响煤低温氧化的内在因素主要包括煤的化学组成、煤岩学特征（显微组成、煤岩组成）、碳化程度、空隙结构、破碎程度（粒径大小）、含硫量、煤的水分、表面吸附特性和热物理性质等，这些因素决定了煤的亲氧能力、热聚集和释放速度。影响煤低温氧化的外在因素主要有温度、氧气分压和空气中水分含量等。

1.3.1 煤种特性影响

煤种特性对煤低温氧化的影响主要体现在煤的化学组成、物理结构、岩相组分以及活性组分含量等方面。煤的化学组成可以近似通过工业分析，例如挥发分、固定碳、水分和灰分含量，以及元素分析来估算。然而，不仅化学组成影响煤种差别，而且物理结构特性对煤种氧化活性也有很大影响。煤的物理结构特性主要通过孔隙率及内比表面来反映。煤的化学组成和其物理结构对煤低温氧化影响是复杂的，目前仍存在争议[15]，这是由于煤的化学组成和物理结构共同影响着煤的低温氧化过程。一般来说，随着变质程度的增加，煤的低温氧化活性降低。然而，即使相同煤阶的两种煤，它们的低温氧化特性也有可能存在明显的差异。

煤岩组分对煤炭自燃的影响主要表现在不同煤岩组分的氧化活性及燃点的不同[16,17]。各种岩相组分的氧化活性一般遵循以下顺序：镜煤＞亮煤＞暗煤＞丝炭；而燃点从丝炭、镜煤、亮煤和暗煤依次升高。丝炭具有较大的内表面积，低温下能吸附大量的氧气，丝炭内常夹杂有黄铁矿，故在氧化时能放出较多的热量，而促进周围煤质和自身的氧化放热。煤岩组分热解过程的最大失重速率以稳定组最大，其次是镜质组，惰质组最小。镜质组、稳定组和惰质组热解时的焦油产率及挥发物回收率，以稳定组最高，镜质组次之，惰质组最低。镜质组的自然发火倾向性最大，稳定组依次，惰质组最小。煤在低温氧化过程中镜质组活化能低于惰质组。

与煤种特性相关的活性组分也是影响煤低温氧化的主要因素。煤的低温氧化过程主要发生在煤大分子结构中活性位点上。目前研究表明，煤低温氧化活性位点主要有脂肪族C—H组分以及含氧官能团等。煤中脂肪族C—H组分在煤大分子结构中的主要赋存形式为煤大分子结构单元的桥键以及侧链等，特别是α位活性氢最容易发生氧化反应。煤结构单元的周围除了脂肪族桥键和侧链外，还有含氧官能团。这些含氧官能团主要包含酮类、脂类、羧酸类、醛类、醌类、酸酐类以及羧酸盐等，在煤低温氧化过程中也扮演着重要的角色。由于煤的含氧量以及含氧官能团的赋存形态对煤的性质影响很大，因此在研究煤低温氧化过程时，含氧官能团的变迁规律也是分析的重点。

1.3.2 粒径影响

煤的破碎程度关联于煤的低温氧化过程[18-21]。一般来说，随着煤样粒径的减小，在煤炭空隙结构中存在更多活性位点和活性官能团，有利于煤样发生化学吸附及氧化反应[18,20,21]。煤的氧化速率与煤样粒径的关系可以通过煤颗粒的直径或者比表面积进行关联。Van Krevelen[22]认为对于粒径大于1 mm的煤样，反应速度随着比表面积增加而增大；当粒径介于0.1～1 mm时，其外比表面积增加4倍，低温氧化速度相应地增加1.5倍；当煤粒径小于0.1 mm时，氧化速率正比于煤样体积。当粒径减小到临界值时，粒径对低温氧化速率影响不明显，这可能是由于在较小的粒径下，氧气可以快速扩散到粒径的内表面[19]；粒径低于临界点的煤样，当与空气接触时，很容易发生低温氧化而自燃。国内外研究认为，煤的氧化速率与颗粒之间存在临界直径，氧化速率在颗粒直径达到临界值之前随着颗粒直径降低而增加，达到临界值之后，氧化速率不再增加。这个与煤低温氧化相关的粒径临界值与煤种有很大的相关性，不同煤种，临界点不同。然而，也有一些特例。例如，Kaji等[23]发现煤样粒径降低到1.0 mm以下时，煤的低温氧化过程与煤样粒径无关，因此他们认为当粒径大于1.0 mm时，煤的低温氧化反应受扩散控制，当粒径小于1.0 mm时，煤的氧化受化学反应控制。

1.3.3 水分含量影响

国内外采用不同方法，研究煤中内在水分对煤低温氧化的影响。目前，人们对内在水分影响煤低温氧化的过程仍存在争议。这可能与内在水分在煤中的赋存形态有关。内在水分在煤中存在形态有两种：物理状态水和化学结合水。物理状态水和化学结合水之间有一个临界值，对于不同煤种，这个临界值是不一样的。不同研究者选取的煤样不同，得出的实验结果就会存在差别，这可能是引起分歧的主要原因。一般认为，化学结合水会促进煤的低温氧化，这是由于化学形态水一方面参与到煤低温氧化过程中，另一方面可作为煤氧化催化剂，加速煤的氧化过程[24-27]。许多研究者认为，在煤与氧气氧化过程中，必须有少量的水参与，水分含量至少为煤炭质量的1%[24,27]。物理状态水赋存于煤颗粒表面，在表面形成一层水膜，降低孔结构和比表面积，影响氧气扩散，对煤低温氧化起到抑制作用。目前人们在这方面的争议较小。在生产过程中对煤体实施注水，使煤体含水量保持在临界含水量以上，可有效地抑制煤低温氧化和减少自燃事故。

1.3.4 矿物质影响

煤中矿物质的成分极其复杂，所含矿物质元素高达六十多种，其中含量较多的有硅、铝、铁、钙、镁、钾、钠、硫、磷等。煤中内在矿物质按其存在形态可分为物理形态矿物质和化学形态矿物质。以物理状态存在的矿物质赋存于煤颗粒的表面，会堵塞孔结构，影响氧气的运输，对煤氧化有抑制作用。以化学形态方式存在的矿物质，会与煤中 H^+ 发生离子交换，进入煤的有机结构中，增加煤的孔隙体积及比表面积，并且这些离子可以流动，具有较高的活性，对煤低温氧化有促进作用。煤中常见的矿物质有碱金属(Na，K)、碱土金属(Ca，Mg)、过渡金属(Fe)，以及 Si 和 Al 等。以羧酸盐形态存在的矿物质，会与煤中 H^+ 发生离子交换，对煤自燃有促进作用；而以无机盐形态存在的矿物质，以物理吸附状态存在于煤的表面，对煤自燃有抑制作用。在实际生产中，不同的阻化剂被添加到煤中，用于抑制煤的自燃过程。这些阻化剂包括尿素、磷酸二氢铵、硅酸钠、可溶性无机盐、含盐黏土等。Smith 等[28]考察 10 种添加剂对煤低温氧化的影响，认为 $NaNO_3$、NaCl、$CaCO_3$ 会抑制煤的低温氧化，而 HCOONa 和 Na_3PO_4 会促进煤低温氧化。Sujanti 等[29]研究认为 $CaCl_2$、$Ca(Ac)_2$、$Mg(Ac)_2$、$MgCO_3$、NaCl 和 NaOH 会抑制煤的低温氧化过程。Zhan 等[30]从作用机理的角度分析了 Na_3PO_4 阻化剂对煤自燃过程的影响，研究发现 Na_3PO_4 不仅可以降低煤样吸氧能力，而且会抑制煤的热解过程，他们认为 Na_3PO_4 可以修饰羟基类化合物的分解途径，因而改变煤的热稳定性。一般来说，不同矿物质，不同的存在形态具有不同的影响。煤中矿物质的影响主要表现在四个方面：① 硅酸盐和铝酸盐类物质主要起阻化作用；② 以无机盐形式存在的碱金属和碱土金属矿物质起阻化作用，例如氯化钠、氯化钙等；③ 以有机盐形式存在的碱金属和碱土金属矿物质起催化作用，促进自燃，例如甲酸钠、甲酸钙等；④ 大多数矿物质通常不发热，煤中矿物质含量越多，其放热强度越低，煤自燃危险性越低。

1.3.5 硫含量影响

硫在煤中赋存形态有硫化物硫(主要以黄铁矿硫存在)、有机硫和硫酸盐硫。人们就含硫量对煤自燃的影响也做了大量的研究工作，结果表明硫铁矿对煤低温氧化起到促进作用，这是由于硫铁矿的氧化产物(硫酸)会加速氧化煤有机体中特定的有机化合物[15,31]。同时硫铁矿被氧化为 Fe^{2+} 或者 Fe^{3+} 的化合物，在此过程中会释放 37.0～56.0 kJ/mol 的热量。然而，Schmal[15]认为，煤中硫铁矿与氧气的氧化反应放出的热量仅为煤与氧气氧化放出热量的10%，并且硫铁矿在大部分煤中含量很低，不足1%(wt%)，因此在正常情况下，对于大多数煤种来说，在煤低温氧化过程中，硫铁矿与氧气氧化反应放出的热量可以忽略不计。但是，毫无疑问的是煤中黄铁矿氧化时放出的热量可使煤体温度升高，同时黄铁矿氧化时体积增大，对煤体具有胀裂作用，能够使煤体裂隙扩大和增多，与氧接触的表面积增加，促进氧化。总体来说，煤中含硫量对煤自燃的影响和硫在煤中的存在形态极为相关，只有当硫在煤体中以较分散的形态存在时才有显著的作用。无极硫比有机硫作用大，具体表现为：① 煤的吸氧量随着全硫的增加而增大；② 硫化物硫（主要是黄铁矿硫）对煤自燃具有明显的促进作用；③ 硫酸盐硫对煤自燃起抑制作用；④ 有机硫对煤自燃影响不明显。

1.3.6 氧气浓度影响

煤自燃反应主要参与对象就是煤和氧。在煤自燃过程中煤与氧相互作用，包括物理吸附、化学吸附、化学反应。煤在不同氧浓度条件下及不同的氧化阶段，其氧化过程中的耗氧量、生成的气体产物种类及其含量均不同。早在 20 世纪，就发现氧气浓度对煤低温氧化有重要影响。Winmill 等[32,33]研究煤的低温氧化过程时发现，当反应器内氧气浓度降低时，氧气消耗速率降低，并且氧气消耗速率与氧气分压成非线性关系。同时，大量研究[34-36]表明，在一定氧气浓度范围内，氧气消耗速率与氧气分压的关系可以用一个幂函数来表示，并且指数范围在 0～1 之间；当氧气浓度低于 2%时，煤的低温氧化速率降低到一个非常低的值，不可能引起煤的自热过程。

1.3.7 温度影响

温度同样对煤低温氧化过程起着决定性作用。Arrhenius 方程常用于描述煤低温氧化过程氧化速率与温度的相关性[37]。研究发现在低温氧化温度范围内，温度每增加 10 ℃，氧气消耗速率大约要变为原来的 2 倍[38-41]。Clemens 等[39]在 30～60 ℃时，没有发现任何气相产物的生成，但是当氧化温度超过 90 ℃时，氧气消耗速率和气相产物释放速率都迅速增加。Swann 等[42]观察到相类似的实验现象，并确认在相对高温下，氧气消耗速率会显著增加。此外，Veselovski 等[43]发现随着温度的升高，首先表现出的是中间氧化物生成速率的增加，随后表现出中间氧化物的分解速率超过其生成速率。总体来说，氧化温度升高，会增加氧气消耗速率以及气相产物的释放速率，而固相中间络合物的含量会呈现出先增加后减低的趋势。

1.3.8 其他影响因素

除了上述提到的影响因素外，空气中水分含量以及氧化历程等都会影响到煤的低温氧化过程。空气中水分对煤低温氧化过程热量的产生或者消耗有一定的影响。一些研究者用量热计研究空气中水分对煤低温氧化过程影响时发现，当干燥的煤样与湿空气接触时，氧化过程中会产生冷凝热、润湿热以及化学反应热[44,45]。氧化历程同样对煤的低温氧化过程有重要影响。研究发现，风化煤样或者已氧化煤样消耗氧气的速率明显低于新鲜煤样。Elovich 方程也经常被用于描述氧气消耗速率与氧化时间的关系[46,47]。

1.4 煤低温氧化的研究途径

煤的低温氧化是一种极为复杂的物理化学过程，其孕育、发生和发展包含着湍流流动、相变、传热、传质和复杂的化学反应，是一个传质与传热并存的相互矛盾而又统一的动力学过程。在煤的低温氧化过程中，煤体会以物理形式和化学形式吸附氧气，从而呈现出一系列宏观表现及微观特性。这些宏观表现主要体现为：气相氧化产物释放、热量变化、煤样质量改变，以及氧气浓度变化。微观变化主要表现为：物理结构的变化（孔结构及比表面积的改变）和化学结构的变化（含氧官能团的改变、中间络合物的生成、微晶结构改变及自由基浓度变化）。

最初许多研究者采用氧化速率作为表征煤低温氧化参数。随后，许多表征参数被使用，这些参数包括质量变化、热量释放、氧气消耗、气相产物释放以及煤表面过氧化合物浓度等[22]。同时研究者设计各类测试方法去测定这些参数。例如，TG分析技术可以用于测定煤氧化过程中煤样质量的变化；DSC、DTA、吊篮加热法、交叉温度点法以及最新的Chen's方法等可测定煤氧化过程中煤样热量的变化[21,48]；氧气消耗速率以及气相产物释放速率可以直接通过恒温流动反应器和氧气吸附方法测定[49]；各种物理和化学分析技术也被用于定性和定量分析煤低温氧化过程中固体过氧化合物，这些技术包括物理和化学滴定法[50]、傅里叶转化红外光谱（FTIR）[51-54]、X射线光电子能谱（XPS）[55]、二次离子质谱测定法（SIMS）[56]以及^{13}C核磁共振（^{13}C NMR）[57]；电子旋转共振（ESR）和电子顺磁共振（EPR）也用来研究煤低温氧化过程中自由基变化规律[58-61]。下面将分别对这些方面的研究进展进行简单综述。

1.4.1 气相产物释放

煤低温氧化过程中产生的气相产物包含CO_2、CO、H_2O、C_xH_y、N_2和H_2等[62]，其中C_xH_y、N_2和H_2等很少在实验室条件下检测到，或者检测到的浓度比较低，这表明这些气体不是煤低温氧化过程中的主要气相产物[63]。例如郭小云等[64]通过研究煤低温氧化过程气体吸附与解吸过程特性，得出不同煤样在低温氧化阶段产生不同气态产物的初始温度及产生速率各有不同，CO_2、CO和CH_4这三种气体的产生量大，而C_2H_4、C_2H_6和C_3H_8的产生量很少或者几乎没有。基于目前实验条件下，很难从机理上说明这些微量的气体的释放机理。因此大部分研究都聚焦于对CO_2和CO的生成规律及生成机理的研究。

在煤低温氧化过程中，气相产物的释放与温度密切相关。Carpenter等[37]研究发现不同煤种在最初5 h的氧化过程中，气相产物释放量随着氧化温度增加而增加。戴广龙[65]研究不同变质程度煤种在低温氧化过程中气相产物释放规律，发现气体的生成量与氧化温度呈指数关系，并且不同煤种气相产物初始释放温度不同，依据气相产物的释放规律把煤低温氧化过程分为低温吸氧蓄热、自热氧化和加速氧化的3个阶段。煤炭自热过程中，气相产物释放量与煤体温度密切相关，气相产物的释放量常用来预测露天煤堆或者矿井下煤的自燃状态。许涛等[66]基于CO释放速率研究煤低温氧化动力学特性发现，CO释放浓度与氧化温度呈多项式关系，并认为此函数关系可作为煤氧反应函数模型。

CO_2和CO释放特性常被用来描述煤的低温氧化特性。Wang等[67-70]利用恒温流动态反应器研究CO_2、CO和H_2O的释放特性，并通过RCO_2/RCO验证了双平行反应机理的存在，进而揭示了煤低温氧化反应过程。Baris等[71]研究温度、粒径、岩相组成对煤低温氧化过程中CO_2和CO释放的影响，并用CO/CO_2比值与氧化温度关联。Yuan等[72]研究了在不同温度及不同氧气浓度下的CO_2和CO释放规律，并认为CO/CO_2比值可以用来评估煤自燃状态。Green等[73,74]研究恒温氧化过程中不同煤种CO_2和CO释放动力学特性，并探

讨了 CO_2 和 CO 的释放途径。

1.4.2 氧气消耗

新鲜煤样与空气接触时，能表明煤样正在发生氧化反应的第一信号就是氧气浓度的变化，这个过程包含氧气物理吸附和化学吸附，随后释放气相产物和生成固相氧化物。通常用氧气消耗速率来表示煤低温氧化过程中煤对氧气的吸附能力，同时氧气消耗速率可作为鉴定煤自燃倾向性的一个重要指标。这些研究表明，当氧化温度从室温增加到 150 ℃时，煤样氧气消耗速率也会显著增加，可以从 10^{-11} kmol/(kg · s) 增加到 10^{-3} kmol/(kg · s)[21,35,67,75]。

戴广龙[76]利用煤低温氧化实验装置和 ZRJ-1 型煤自燃倾向测定仪，研究煤种特性对氧气吸附行为，发现在某一温度下吸氧量不能衡量其低温氧化能力；烟煤和无烟煤，吸氧过程都有从物理吸附到化学吸附的过渡阶段；而易低温氧化的褐煤，没有从物理吸附到化学反应的过渡阶段。尹晓丹等[77]基于煤氧化过程中耗氧量计算得到煤低温氧化的表观活化能，并认为煤氧刚接触时，主要发生物理吸附且吸附过程迅速导致活化能较小；随着温度升高，化学过程占据主导，活化能变大。对于特定煤种，影响煤低温氧化过程中氧气消耗的因素包括煤中水分含量、粒径、氧化时间、温度以及氧气浓度等，其中一个比较重要的因素是氧化时间。研究表明，氧气消耗速率与氧化时间密切相关。大量的经验方程和基础方程用于描述煤低温氧化过程中氧气消耗速率与氧化时间的关系，其中比较典型的是 Elovich 方程，它从用于吸附氧气的活性位点角度描述了氧气消耗速率与氧化时间的关系[78,79]。

从煤氧化反应机理角度出发，结合活性位点的概念，许多研究者建立了不同数学模型用于预测氧气消耗速率以及气相产物释放速率[75,80-82]。Kam 等[80]建立的分析模型认为在 200～300 ℃范围内氧化煤样，氧气消耗速率可以用一个常数和一个随反应时间降低的指数函数来描述。而 Wang 等[83]研究煤在低于 100 ℃时的氧气消耗速率，发现实验数据不符合 Elovich 方程，而两个指数函数和一个常数可以很好地描述氧气消耗速率与氧化时间的关系，并且这个模型能反映煤低温氧化过程中的两个平行反应序列。Zhang 等[36]利用实时监测反应装置，研究了限定空间内煤低温氧化氧气消耗特性，基于氧气消耗速率与氧气浓度的关系函数，把密闭空间煤的低温氧化机制分为五个阶段——化学反应控制、过渡态控制、产物扩散控制、产物抑制控制和直接燃烧反应控制，如图 1-2 所示。

1.4.3 质量变化分析

目前，热重分析技术已被广泛用于研究煤氧化过程中的质量变化。Jakab 等[84]使用 TGA 在较缓慢的升温速率下研究煤的低温氧化过程，结果显示煤的氧化过程存在明显的阶段性；他们对每一个阶段质量变化的化学机理进行了研究，并指出低阶煤容易被氧化。Vassil 等[85]应用 TGA 在一定的加热速率条件下加热煤样至 300 ℃，发现在 80～100 ℃范围内尽管有气相产物的释放，但煤样的质量仍表现出增加的趋势，这表明在此过程中有固体中间络合物的生成。在研究煤的低温氧化过程中，许多研究学者认为 TGA-MS 联用是一个非常灵敏的研究手段，可以考察煤低温氧化过程中煤结构的微小变化；除了观察到质量的变化外，还发现有羧酸类物质的生成。同时，国内学者也应用 TG 对煤的低温氧化进行了大量的研究，特别是特征温度点的研究。例如，舒新前[86]对三种不同煤样进行煤自燃过程的热

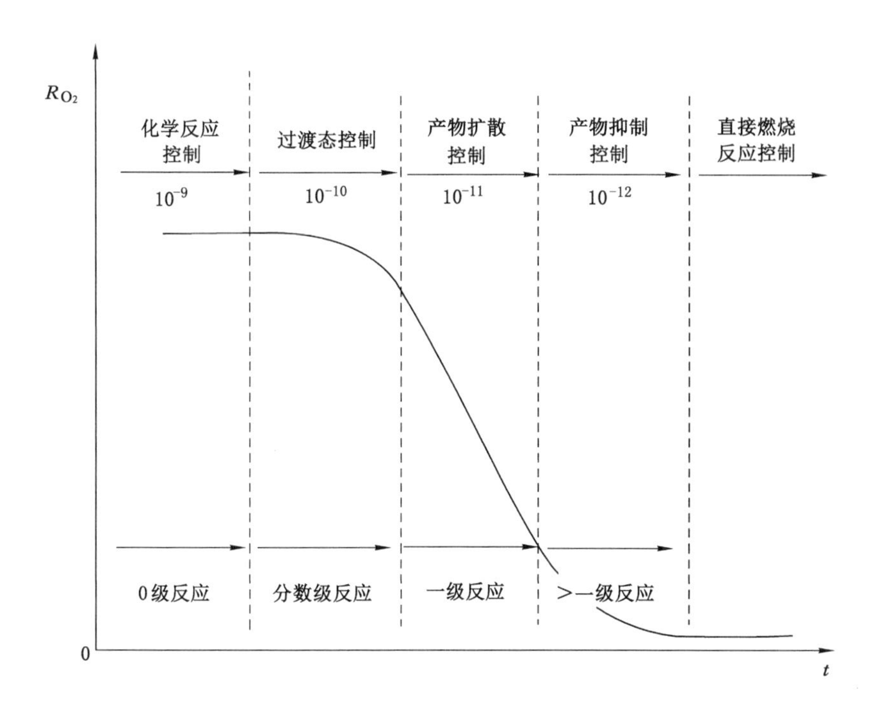

图 1-2 限定空间煤氧化机制随氧化时间的变化

分析研究,得出了煤炭自燃的几个特征温度参数及质量变化参数。徐精彩[87]在用热重研究煤的自燃过程中,确定出了质量比最大点、质量比拐点、质量比极小点和质量比极大点的温度值。肖旸等[88]利用 TG 对兴隆庄矿煤进行热分析研究,得出了煤自燃过程的 7 个特征温度,并确定出了相应的温度范围。

热分析技术也被用于研究低温氧化对煤工业性质的影响。例如,Pisupati 等[89,90]通过 TGA 研究煤的燃烧行为时发现,风化后的煤样表现出更高的燃烧活性。同时,Pisupati 等[91]通过 TGA 和沉降炉在研究自然风化和实验室氧化对煤样燃烧行为的影响时发现,自然风化和实验室氧化的煤样比原始煤样具有更高的活性。同时发现在大部分情况,酸洗煤的氧化活性高于原煤,这表明原煤中部分矿物质对煤的燃烧起到催化作用。通过 TG 曲线,他们进一步发现,在相同的实验条件下,与原煤相比,氧化煤样在较低的温度下完成燃烧。Worasuwannarak 等[92]通过 TGA-MS 研究在不同氧化温度下的不同氧化程度的煤样的炭化行为时发现,氧化煤样与原煤相比,最显著的差别是煤样质量的变化,其次是气相产物 CO_2 和 CO 增加,而 CH_4 和焦油产率降低,并且随着氧化程度的增加,这种差别就更加明显。这是由于煤在氧化过程中,脂肪族组分降低,被氧化为含羰基的化合物。

热分析实验条件对 TG 的实验结果也有很大的影响,这也是煤自燃倾向性研究的一个重要工作。然而,到目前为止并没有一个统一的 TG 实验参数用于研究煤的低温氧化。张嫣妮等[93]研究了煤样粒度、不同供氧浓度和不同升温速率对特征温度点和失重值的影响,实验条件对煤氧化反应过程中的特征温度具有规律性的影响。为了能够得到更加合理的实验结果,Mohalik 等[94]对目前存在的实验条件进行汇总。这些研究表明,TG 实验研究中选择的参数不同,得出的实验结果是没有可比性的,这也是目前许多研究成果存在分歧的主要原因。第一,由于煤的低温氧化过程涉及一系列多个步骤,既包含中间产物的形成,也包含气相产物的释放,存在质量增加的反应,也有质量减少的反应。热重分析反映的是一个综合的信息,因此在用 TG 和 DTG 产生的信息来解释煤低温氧化动力学特性时,是一个表观的化学动力学参数。第二,在煤的氧化过程中涉及水分的脱除,对于高水分含量的煤种,其质量的变化会掩盖由煤氧化所引起的质量变化。第三,煤的低温氧化过程包含许多阶段,例如缓慢氧化阶段、加速氧化阶段以及自燃阶段等,每一个阶段的动力学特性是不同的,即每个阶段对煤自热过程的影响是不同的,特别是作为反映煤种自燃倾向性的动力学参数活化能也是不同的,因此很有必要分阶段研究每一个阶段的氧化动力学特性。基于以上分析可以看出,必须探索一种新的研究方法,能够确切表述 TG 分析实验所反映的煤与氧气氧化反应信息。

1.4.4 热量变化分析

在煤的氧化过程中涉及一系列的宏观现象,其中煤与氧反应的放热特性是煤低温氧化的一个重要特征。差示扫描量热方法(DSC)被广泛用于测定煤氧化过程中的热效应。DSC 在较低温度下就表现出较高的灵敏度,可以用于煤低温氧化过程研究及煤自燃倾向性测定。从 DSC 的热量释放曲线上,可以获得煤自热过程的一系列特征参数,例如初始放热温度等,可以用于预测煤自燃倾向性。彭本信[95]应用 DSC 技术对我国不同变质程度的 70 多个煤样进行热分析实验,认为变质程度低的煤更容易自燃的原因是在氧化过程中放出的热量大于变质程度高的煤种的氧化放热量。潘乐书等[96]应用 DSC 分析技术,研究了不同粒径和不同升温速率对煤的低温氧化的影响,并通过计算得出不同条件下的活化能。Mackinnon 等[97,98]通过 DSC 在研究煤的玻璃化转变温度对煤低温氧化过程中的作用时发现,当氧化温度低于玻璃化转变温度时,煤体为玻璃态,从而抑制氧气在煤体的扩散以及发生反应;当煤体温度高于玻璃化转变温度时,煤体处于橡胶态,因此煤的结构变得疏松,有利于氧气的扩散,从而导致煤炭自燃。Garcia 等[99]通过比较氧化总的热焓值,发现随着煤氧化程度的增加,其初期氧化温度呈现出一个有规律性增加的趋势,并提出了这个初始氧化温度可作为评价煤氧化能力的一个重要的参数。余明高等[100]运用 TG-DSC 同步热分析仪进行 150 ℃下的氧化以及热解实验,热解过程表观活化能比氧化过程大,并且在相同条件下热解过程活化能较小的煤种较易发生煤的氧化自燃。彭伟等[101]采用 TG-DSC 技术研究了不同煤种在水分蒸发、吸氧增重、受热分解及燃烧等不同氧化阶段的氧化特征值。王兰云等[102]用 TG-DSC同步热分析仪得出等动力学温度点 Tiso,并研究认为在 Tiso 附近活化能达到最低。

目前,有关 DSC 分析数据方法有很多,但是大部分借鉴的是高温条件下的煤氧化动力学分析方法。Kök 等[103]在研究褐煤的氧化过程中,对比了三种分析方法,包括两种 ASTM 法以及 Roger 和 Morris 法,事实上这两种 ASTM 分析法分别是著名的 Ozawa-Flynn-Wall 法和 Kissinger-Akahira-Sunose 法。这两种方法都是以在不同升温速率下的峰值温度作为分析依据。然而,峰值温度相对较高,反映的是煤燃烧范畴的特性,而不是煤低温氧化特性。Roger 和 Morris 法基于单一的升温速率进行分析计算,与 ASTM 法相比较为节省时间。Roger 和 Morris 法假设从基线到 DSC 曲线的拐点的距离与反应速率常数成正比,通过依据 DSC 曲线上的两点进行活化能的计算[103,104]。另外一种方法是假设热焓变化率与反应速率成正比,通过单一升温速率下的 DSC 曲线进行动力学参数的计算[105]。尽管这两种单一升温速率的方法都可以进行煤低温氧化过程的计算,但是它们都是经验方法,存在一定的不足之处。例如,在第一种方法中,两点的选择对其计算结果存在很大的影响;而第二种方法的使用需要考虑低温氧化阶段放热特性与燃烧阶段存在明显的差别。

通过上面分析可以看出,目前 DSC 分析技术在煤低温氧化研究方面的应用相对较少,特别是 DSC 分析数据方法还不是很完善,大部分分析方法借助的是高温氧化过程的计算模型,其适应性有待于进一步探讨。另外,在煤低温氧化过程中既包含吸热过程,又包含放热过程,常规的 DSC 曲线反映的是一个综合的信息。因此,与使用 TG 和 DTG 技术分析质量变化类似,在用 DSC 反映的信息来解释煤低温氧化动力学特性时,其反映的也是一个表观的化学动力学参数。研究一种新的实验分析测试方法,能够利用 DSC 反映的信息分析煤与氧气氧化反应的行为具有重要的理论意义和实用价值。

1.4.5 固相氧化产物分析

煤低温氧化过程中固相氧化物的生成可通过煤氧化过程中质量增加趋势来说明。这些固相氧化产物主要包括过氧化物(—O—O—)、过氧化氢(—O—O—H)、醇类化合物(酚—OH)、羰基类化合物(—CO)、羧酸类化合物(—COOH)等。Jones 等[106,107]利用化学滴定的方法确定煤低温氧化过程中会生成过氧化物(—O—O—)中间体。尽管过氧化氢(—O—O—H)很难直接通过各种分析方法测定,但是许多研究者仍认为过氧化氢(—O—O—H)是煤低温氧化过程的中间产物,它可以通过过氧化物自由基与碳活性位反应生成[108,109]。ESR/EPR 光谱可以测定煤低温氧化过程中自由基浓度变化[58,59,110],这些自由基是形成这些过氧化物和过氧化氢中间络合物的前驱体。

尽管许多分析方法可以表征煤低温氧化过程中固相氧化产物变迁规律,但是傅里叶红外光谱作为微观结构的表征工具,能够从分子水平上提供更有价值的信息。Landais 等[111]用微红外光谱研究薄片煤的氧化时,通过观察脂肪族 C—H 吸收峰强度降低以及羰基、羧基和醚类物质吸收峰强度的增加,发现不同的显微组分在氧化过程中表现出不同的氧化能力。并发现即使两个化学组分相接近的显微组分,其氧化反应过程也存在很大的差别。大量的 FTIR 研究表明[11,112-115],在煤低温氧化过程中,煤中脂肪族活性组分含量表现出逐渐降低的趋势,而含氧官能团含量呈现出增加的趋势,特别是 α 位的活性位最容易发生氧化反应,而芳香族组分在煤低温氧化过程中基本不变。戚绪尧[116]基于在供氧、无氧和无氧反应后供氧等条件下煤反应升温过程中红外光谱的变化规律,提出了煤中活性基团的氧化及自反应过程理论。王继仁等[117]应用量子化学理论和红外光谱相结合的手段,研究了煤微观结构与组分之间的关系,并提出了煤微观结构与组分量质差异自燃理论。余明高等[118]利用傅里叶变换红外光谱仪对乌达烟煤的微观结构与煤自燃的关联性进行研究,发现乌达烟煤易于自燃的原因在于分子结构的芳香度和环缩合度较小,烷基侧链的平均长度较短,桥键较多,具有较强的化学活性。葛岭梅等[119]研究了神府煤低温氧化过程中官能团结构演变规律,发现神府煤低温氧化后,甲基和亚甲基等脂肪族组分含量降低,而氧官能团含量增加,芳香环含量基本不变。王兰云等[102]利用静态耗氧实验、热分析实验以及红外光谱实验,结合煤低温氧化阶段的宏观耗氧放热规律及微观活性基团含量变化，探讨了煤自燃过程中自氧化加速温度。Gethner[51-53]利用红外光谱研究煤的氧化过程，认为低于 100 ℃煤的氧化至少包含三个过程：① 空气中的氧分子嵌入煤的大分子结构中进行过氧化氢中间体；② 这些过氧化氢中间体分解生成 CO、CO_2 和 H_2O；③ 煤与氧分子发生反应直接生成羧酸类、羰基类和醚类化合物等。Liotta 等[109]通过 FTIR 和 NMR 研究煤的氧化过程发现，嵌入到煤大分子结构中的氧分子主要参与生产醚键，没有生成羰化合物。然而 Painter 等[120]研究发现，在煤氧化过程中没有醚类化合物的生成，并且他们认为氧化煤样成焦可塑性的降低是由于在煤氧化过程中羧酸类物质与羟基类物质发生缩合反应生成脂类物质而引起的。

FTIR 也可用于煤氧化过程中活性官能团组分变化的半定量分析。Huffman 等[121]研究发现：随着氧化时间的增加，C ═ O 特征区间（1 850～1 636 cm^{-1}）振动强度与芳香族和脂肪族 C—H 特征区间之和（3 194～2 746 cm^{-1}）的比值[C ═ O/(Ar＋Al)]，以及 C—O 特征区间（1 300～1 100 cm^{-1}）振动强度与芳香族和脂肪族 C—H 特征区间之和（3 194～2 746 cm^{-1}）的比值[C—O/(Ar＋Al)]都表现增加的趋势；并且这种增加强度与温度有关，在 50 ℃时氧化增加幅度约为常温的 5 倍。Wu 等[122]也发现相同的结论。Casal 等[6]用脂肪族 C—H 振动强度与芳香族 C—H 振动强度比值（H3040/H2950）的降低程度来反映煤样的氧化程度。同时，其他研究者用亚甲基与甲基的振动面积的比值（A1445/A1375）作为指标来评价煤的氧化程度。Bouwman 等[123]在用 FTIR 研究煤堆的氧化时认为，可以用 1 700 cm^{-1}处的振动强度与 1 580 cm^{-1}处振动强度的比值（I1700/I1580）来定量分析煤氧化过程中羰基组分变化情况。Tevrucht 等[114]用 FTIR 研究煤的氧化特性，并考察粒径和温度的影响，依据脂肪族 C—H（2 920 cm^{-1}）振动强度的变化，计算出煤氧化活化能及指前因子。并发现在氧气充足的条件下，150～250 ℃下煤的氧化反应可以用一级反应动力学模型来描述，计算得到的活化能在 25.6～26.6 kcal/mol 范围内；煤的氧化速率与煤样粒径、煤阶及氧化温度有关，而与岩相组分和矿物质含量无关。

1.4.6 煤中元素含量变化

煤低温氧化过程中，空气中的氧分子会嵌入到煤大分子结构中，从而形成含氧中间络合物，相应地 C、H、O、S 和 N 元素会发生迁移转化，以气相氧化产物的形式释放出来，从而引起煤有机体元素组成的改变。Liotta 等[109]研究发现，当新鲜的 Illinois No. 6 烟煤在温室条件下暴露于空气中 56 天，其氧化煤样与新鲜煤样相比，元素组成发生明显变化。Cimadevilla 等[124]研究发现煤低温氧化会引起煤炭工业性质的改变，其中主要原因是煤低温氧化过程改变了煤的元素组成，并发现在煤低温氧化过程中，挥发分及碳含量呈现出降低的趋势，而氧含量表现出增加的趋势。Marinov[125]在温度低于 250 ℃温度范围内研究煤低温过程中煤样质量及元素组成改变时，发现煤低温氧化降低煤中 H 元素含量，而 O 元素含量表现出增加的趋势。Perry 等[126]用 XPS 研究煤低温氧化过程，发现各种含氧化合物都表现出增加的趋势，而煤中 C 元素含量表现出降低的趋势。Borah 等[127]在利用低温氧化反应脱除煤中有机硫发现，随着氧化温度增加，煤中硫含量呈现出降低趋势，并研究了硫迁移转化规律。

1.5 反应机理研究进展

基于煤低温氧化过程中宏观特性及微观结构的变化规律，许多研究者针对煤氧化特性提出了不同的反应机理。Kam 等[80]首先提出了煤低温氧化双平行反应序列，目前已被广大研究者所接受。Kam 认为煤的低温氧化过程可以分解成两个平行的反应序列，即为煤与氧气化学吸附反应序列和直接燃烧反应途径。化学吸附反应序列认为煤的氧化过程包含一系列的反应步骤：煤体表面及空隙结构对氧气分子的化学吸附；生成不稳定 C—O 化合物中间体，例如过氧化物和过氧化氢等；不稳定固体过氧化物中间体分解释放气相产物以及生成稳定氧化物，这些稳定氧化物包括羧酸类、羰基类以及醇类等化合物；所形成的稳定氧化物进一步发生氧化分解反应，生成新反应活性位点。而直接燃烧反应过程认为煤与氧气直接发生氧化反应生成 CO_2、CO 和 H_2O 等，不经过中间反应途径，类似于煤的燃烧过程。尽管文献多次提出直接燃烧反应途径，然而目前没有直接证据来确认这一反应机理。Wang 等[69,70]研究了煤在 60～90 ℃条件下 CO 和 CO_2 生成速率，通过对比氮气气氛以及氧气气氛下 CO 和 CO_2 生成速率，证明了双平行的反应序列的存在。同时还对煤氧化过程中气相产物的释放途径进行了推断，认为在直接燃烧途径，煤与氧气直接反应释放 CO_2、CO 及其他一些产物；在化学吸附反应序列，煤与氧气发生化学吸附首先生成羧基和羰基类化合物，随后羧基分解主要释放 CO_2，而羰基继续氧化会释放 CO。Karsner 等[75]也提出了煤氧化过程的反应模型，该模型不仅包括了煤对氧气的物理吸附，同时也考虑了煤的化学吸附和化学氧化反应，并认为 CO_2、H_2O 和 CO 分别产生于不同的反应途径。戚绪尧[116]基于煤低温氧化过程中微观结构官能团变化规律认为煤氧化过程包含三个反应序列，除了上面提到的直接燃烧反应途径和煤氧化学吸附反应序列外，他们还提出了在煤氧化过程存在着活性官能团的自反应过程。依据研究结果，他们相应地提出了三序列反应模型，包括煤中赋存的活性位点对氧气发生化学吸附生成不稳定中间络合物，不稳定的中间络合物发生分解反应生成 CO、CO_2 和 H_2O 及稳定的固体产物，其中稳定的固体产物分解产生次生活性基团继而参与后续反应；煤中赋存的活性基团直接发生分解反应或者接触反应，生成 CO_2、H_2O 和 CO 以及稳定固体氧化物，其中稳定固体氧化物分解也会生成次生活性基团继而参与后续氧化反应；煤中的活性基团（包括原生和次生）直接发生氧化生成 CO_2、H_2O 和 CO 等。

1.5.1 化学吸附反应序列

人们普遍认为在煤氧化学吸附反应序列中，煤芳香或者脂肪结构中的自由碳中心会吸附双自由基氧分子，首先形成过氧化物中间体[109,128,129]。这一点可以通过当煤样与氧气接触时煤表面自由基浓度迅速变化来间接证明[129,130]。随着，过氧化物自由基会从煤芳香族或者脂肪族结构中抽取一个氢原子，进而形成过氧化氢（—O—O—H）中间体，并生成新的 C 反应活性位点[129]。尽管这一反应过程目前还不能完全通过实验现象来证明，但是 O—H 键解离能（约为 377 kJ/mol）与脂肪族 C—H 键断裂能（约为 339～368 kJ/mol）相近，这表明很有可能发生上面的反应过程。这些过氧化氢中间体会发生自由基取代反应生成羟基和醚类化合物[130]。一些研究者认为羟基化合物热分解会生成羰基类化合物[39]。而另一些研究者认为过氧化氢中间体会直接发生热分解反应生成含羰基类化合物，例如羧酸类化合物和醛类等[11,51-53,131]。

脱羧反应和脱羰反应也会发生在煤化学吸附反应途径中，这些反应可通过FTIR研究煤低温氧化过程中煤表面含氧化物的变化情况来确定。FTIR研究发现在煤低温氧化过程中，羰基类化合物(1 700 cm^{-1}附近)和羧酸二聚物(1 285 cm^{-1})的吸收振动峰强度降低[51-53]，同时在气流中可以检测到CO_2、CO和H_2O的生成。尽管目前可以确认一些含氧化合物分解会释放CO_2、CO和H_2O，然而对气相产物的生成途径仍存在争议。一些研究者认为，过氧化氢在较低温度下热分解会释放气相产物[129]。Gethner[51-53]认为脱羧反应和脱羰反应都会生成CO_2、CO和H_2O。另外一些更深入的研究认为，脱羧反应和脱羰反应分别以不同的途径释放CO_2和CO。Wang等[41]在研究澳大利亚烟煤低温氧化过程中氧化物的热分解行为时，验证了CO_2、CO和H_2O生成途径的独立性，并通过实验数据计算得到CO_2和CO活化能，发现CO活化能比CO_2大约高22 kJ/mol。

1.5.2 煤氧直接燃烧反应途径

煤与氧气直接燃烧反应途径认为，煤与氧气直接发生氧化反应生成CO_2、CO和H_2O等，不经过中间反应途径，类似于煤的燃烧过程，这一反应途径与温度密切相关[75,80]。由于缺乏必要证据，因此很难对这一反应途径以最基本的步骤来描述。但可以确认的是，煤氧直接燃烧反应途径仅发生在煤体特定的活性位点，并且活性位点与氧气反应以及气相产物释放的过程都较为迅速。这一假设与碳在高于300 ℃时的氧化机理相类似[132]。

1.6 研究依据与研究内容

1.6.1 研究依据

煤炭是我国目前乃至今后相当长一段时期内的主要能量资源，然而与煤低温氧化相关的煤自燃问题严重制约着煤炭工业的发展。无论从安全的角度，还是从资源和环境的角度考虑，煤的低温氧化都应备受关注。对煤低温氧化机理进行系统研究，构建煤低温氧化的理论基础，是当前煤自燃研究领域面临的一个紧迫任务。然而，由于煤炭低温氧化过程的复杂性、煤种的差异性、煤分子结构和组成的多样性、煤自热历程的多变性，以及实验条件的苛刻性等因素，到目前为止还没有一个能反映煤低温氧化全过程的理论。

有关文献和资料表明，煤在低温氧化过程中会呈现出一系列宏观表现及微观特性。宏观表现主要体现为气相氧化产物释放、系统热量变化、煤炭质量改变以及系统氧气浓度变化等；微观变化主要表现为化学结构的变化(含氧官能团改变、中间络合物生成、微晶结构改变及自由基浓度变化)和元素(C、H、O、S和N)的转化等。目前尽管在某些方面已存在阶段性的研究结论，但总体而言该研究还处于初级阶段，特别是宏观表现与微观特性相结合方面的研究较少。事实上，煤低温氧化过程中宏观表现与微观特性相互关联，相互协同。例如，气相氧化产物释放特性与微观官能团转化之间的关系，系统热量变化与煤炭质量变化关系，含氧官能团变化与煤炭质量变化关系，中间络合物的生成和分解与元素迁移转化的关系，以及这些特性与煤低温氧化机理之间的关系等。基于上面的分析，本书主要对煤低温氧化过程中宏观变化与微观特性进行探讨，它们之间的关联性分析也是本书的研究重点。

1.6.2 主要研究内容及实验方案

根据文献综述和选题依据，确定本书的主要研究内容如下：

(1) 研究煤低温氧化过程中气相产物释放规律和释放机理，并与煤种特性进行关联。

(2) 研究煤低温氧化过程中煤炭质量变化以及系统热量变化特性，并与煤自燃倾向性进行关联。

(3) 研究煤低温氧化过程中微观官能团变化规律，特别是脂肪族C—H组分以及含氧化合物的演化规律。

(4) 研究煤低温氧化过程中煤中元素的变迁规律，分析各种元素在煤低温氧化过程中的作用，并探讨煤低温氧化动力学及热力学特性。

(5) 对宏观表现与微观特性进行结合研究，探讨煤低温氧化机理，并进行应用性考察。

基于上述研究内容，计划选取三种具有代表性的煤种，即锡林郭勒盟褐煤(XM)、神东亚烟煤(SD)和枣庄烟煤(ZZ)作为研究对象，借助于动力学及热力学理论，系统分析不同变质程度煤种在煤低温氧化过程中的宏观表现及微观特性，并将宏观表现及微观特性相结合，阐明隐藏在不同煤种中的煤低温氧化机理，并对研究结论加以应用，为深入理解煤低温氧化行为提供理论依据。研究的具体技术路线如图1-3所示。

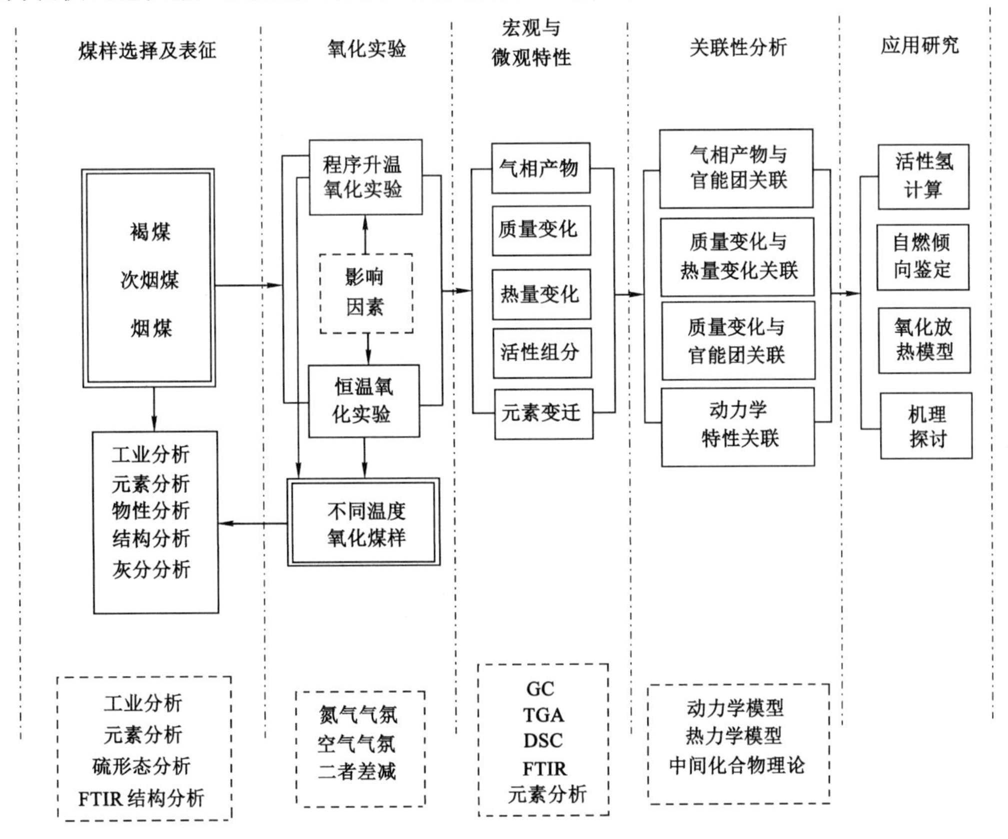

图1-3 技术路线简图

参考文献

[1] 戴广龙. 煤低温氧化及自燃特性的综合实验研究[M]. 江苏：中国矿业大学出版社，2010.

[2] JONES R E，TOWNEND D T A. Mechanism of the oxidation of coal[J]. Nature，1945，155：424-425.

[3] JONES R E，TOWNEND D T A. The oxidation of coal[J]. Journal of the Society of Chemical Industry，1949，68：197-201.

[4] FRENERICKS P M ，WARBROOKE P，WILSON M A. Chemical changes during natural oxidation of a high volatile bituminous coal [J]. Organic Geochemistry，1983，5(3)：89-97.

[5] 徐辉. 低温氧化对煤质特征及其分子结构影响的研究[D]. 淮南：安徽理工大学，2012.

[6] CASAL M D，GONZALEZ A I，CANGA C S，et al. Modifications of coking coal and metallurgical coke properties induced by coal weathering[J]. Fuel Processing Technology，2003，84：47-62.

[7] CARRAS J N，DAY S J，SAGHAFI A，et al. Green house gas emissions from low-temperature oxidation and spontaneous combustion at open-cut coal mines in Australia [J]. International Journal of Coal Geology，2009，78：161-168.

[8] WANG H H，DLUGOGORSKI B Z，KENNEDY E M. Coal oxidation at low temperatures：oxygen consumption，oxidation products，reaction mechanism and kinetic modelling [J]. Progress in Energy and Combustion Science，2003，29：487-513.

[9] 王省身，张国枢. 矿井火灾防治[M]. 徐州：中国矿业大学出版社，1990.

[10] 王德明. 矿井火灾学[M]. 徐州：中国矿业大学出版社，2008.

[11] LOPEZ D. Effect of low-temperature oxidation of coal on thdrogen-transfer capability[J]. Fuel，1998，77(14)：1623-1628.

[12] 李增华. 煤炭自燃的自由基反应机理[J].中国矿业大学学报，1996，25(3)：111-114.

[13] WANG H H，DLUGOGORSKI B Z，KENNEDY E M. Theoretical analysis of reaction regimes in low-temperature oxidation of coal[J]. Fuel，1999，78(9)：1073-1081.

[14] 邓军，徐精彩，陈晓坤. 煤自燃机理及预测理论研究进展[J]. 辽宁工程技术大学学报，2003，22(4)：455-459.

[15] SCHMAL D. Spontaneous heating of stored coal[M]//NELSON C R. Chemistry of coal weathering. Amsterdam：Elsevier，1989：133-215.

[16] 谷红伟. 煤岩组分的物化性质对煤自燃的影响[J]. 能源与节能，2008，6：59-61.

[17] 田鹏，辛广顺. 煤岩显微组分对煤自燃的影响[J]. 能源与节能，2012，11：19-21.

[18] CARPENTER D L，SERGEANT G D. The initial stages of the oxidation of coal with molecular oxygen. Ⅳ. The accessibility of the internal surface to oxygen[J]. Fuel，1966，45：429-446.

[19] PALMER A D，CHENG M，GOULET J C，et al. Relation between particle size and properties of some bituminous coals[J]. Fuel，1990，69：183-188.

[20] AKGUN F,ARISOY A. Effect of particle size on the spontaneous heating of a coal stockpile[J]. Combustion and Flame,1994,99: 137-146.
[21] CARRAS J N, YOUNG B C. Self-heating of coal and related materials: models, application and test methods[J]. Progress in Energy and Combustion Science,1994, 20: 1-15.
[22] VAN KREVELEN D W. Coal: typology-chemistry-physics-constitution[M]. London: Elsevier,1993.
[23] KAJI R, HISHINUMA Y, NAKAMURA Y. Low temperature oxidation of coals: Effects of pore structure and coal composition[J]. Fuel,1985,64: 297-302.
[24] MAHAJAN O P,KOMATSU M,WALKER J P L. Low-temperature air oxidation of caking coals. 1. Effect on subsequent reactivity of chars produced[J]. Fuel,1980,59: 3-10.
[25] PETIT J C. A comprehensive study of the water vapour/coal system: application to the role of water in the weathering of coal[J]. Fuel,1991,70:1053-1058.
[26] CHEN X D,STOTT J B. The effect of moisture content on the oxidation rate of coal during near-equilibrium drying and wetting at 50 ℃[J]. Fuel,1993,72: 787-792.
[27] CLEMENS A H, MATHESON T W. The role of moisture in the self-heating of low-rank coals[J]. Fuel,1996,75: 891-895.
[28] SMITH A C,MIRON Y,LAZZARA C P. Inhabition of spontaneous combustion of coal:Report of Investigation-USA Bureau of Mines:RI 9196[R].[S.l.:s.n.],1988.
[29] SUJANTI W,ZHANG D K. A laboratory study of spontaneous combustion of coal: the influence of inorganic matter and reactor size[J]. Fuel,1999,78: 549-556.
[30] ZHAN J, WANG H H, SONG S N, et al. Role of an additive in retarding coal oxidation at moderate temperatures[J]. Proceedings of the Combustion Institute, 2011,33: 2515-2522.
[31] DAVIDSON R M. Natural oxidation of coal[M].[S.l.]: IEA Coal Research,1990.
[32] WINMILL T F. The absorption of oxygen by coal[J]. Transactions of the American Institute of Mining and Metallurgical Engineers,1913/1914,46: 563-591.
[33] HALDANE J S, MEACHEM F G. Observations on the relation of underground temperature and spontaneous fires in the coal to oxidation and to the causes which favourit [J]. Transactions of the American Institute of Mining and Metallurgical Engineers,1898/1899,16: 457-492.
[34] HOWARD H C. Low temperature reactions of oxygen on bituminous coal[J]. Transactions of the American Institute of Mining and Metallurgical Engineers,1948, 177: 523-534.
[35] CARPENTER D L,GIDDINGS D G. The initial stages of the oxidation of coal with molecular oxygen. Ⅱ. Order of reaction[J]. Fuel,1964,43: 375-383.
[36] ZHANG Y L, WU J M, CHANG L P, et al. Changes in the reaction regime during low-temperature oxidation of coal in confined spaces [J]. Journal of Loss Prevention

in the Process Industries, 2013, 26(6): 1221-1229.

[37] CARPENTER D L, GIDDINGS D G. The initial stages of the oxidation of coal with molecular oxygen. Ⅰ. Effect of time, temperature and coal rank on rate of oxygen consumption[J]. Fuel, 1964, 43: 247-266.

[38] ALLERDICE D J. The adsorption of oxygen on brown coal char[J]. Carbon, 1966, 4: 255-262.

[39] CLEMENS A H, MATHESON T W, ROGERS D E. Low temperature oxidation studies of dried New Zealand coals[J]. Fuel, 1991, 70: 215-221.

[40] KAJI R, HISHINUMA Y, YOICHI N. Low temperature oxidation of coals: effect of pore structure and coal composition[J]. Fuel, 1985, 64: 297-302.

[41] WANG H, DLUGOGORSKI B Z, KENNEDY E M. Thermal decomposition of solid oxygenated complexes formed by coal oxidation at low temperatures[J]. Fuel, 2002, 81: 1913-1923.

[42] SWANN P D, EVANS D G. Low-temperature oxidation of brown coal. 3. Reaction with molecular oxygen at temperatures close to ambient[J]. Fuel, 1979, 58: 276-280.

[43] VESELOVSKI V S, TERPOGOSOVA E A. Dependence of oxidation of mineral fuels on temperature[J]. Otdl Tech Nauk, 1953, 4: 905-909.

[44] BHATTACHARYYA K K. The role of desorption of moisture from coal in its spontaneous heating[J]. Fuel, 1972, 51: 214-220.

[45] VORRES K S, WERTZ D L, MALHOTRA V, et al. Drying of Beulah-Zap lignite[J]. Fuel, 1992, 71: 1047-1053.

[46] SEVENSTER P G. Studies on the interaction of oxygen with coal in the temperature range 0 ℃ to 90 ℃. Part Ⅱ. Consideration of the kinetics of the process[J]. Fuel, 1961, 40: 18-32.

[47] NORDON P, YOUNG B C, BAINBRIDGE N W. The rate of oxidation of char and coal in relation to their tendency to self-heat[J]. Fuel, 1979, 58: 443-449.

[48] KAJI R, HISHINUMA Y, NAKAMURA Y. Low-temperature oxidation of coals: a calorimetric study[J]. Fuel, 1987, 66: 154-157.

[49] YOUNG B C, NORDON P. Method for determining the rate of oxygen sorption by coals and chars at low temperatures[J]. Fuel, 1978, 57: 574-575.

[50] RADSPINNER J A, HOWARD H C. Determination of surface oxidation of bituminous coal [J]. Industrial and Engineering Chemistry, 1943, 15: 566-570.

[51] GETHNER J S. Thermal and oxidation chemistry of coal at low temperatures[J]. Fuel, 1985, 64: 1443-1446.

[52] GETHNER J S. The mechanism of the low temperature oxidation of coal by O_2: observation and separation of simultaneous reactions using in situ FT-IR difference spectroscopy[J]. Applied Spectroscopy, 1987, 41: 50-63.

[53] GETHNER J S. Kinetic study of the oxidation of Illinois No. 6 coal at low temperatures. Evidence for simultaneous reactions[J]. Fuel, 1987, 66: 1091-1096.

[54] LYNCH B M,LANCASTER L,MACPHEE J A. Carbonyl groups from chemically and thermally promoted decomposition of peroxides on coal surfaces: detection of specific types using photoacoustic infrared Fourier transform spectroscopy[J]. Fuel, 1987,66: 979-983.

[55] PERRY D L,GRINT A. Application of XPS to coal characterization[J]. Fuel,1983, 62: 1024-1033.

[56] MARTIN R R, MACPHEE M J, WORKINTON M, et al. Measurement of the activation energy of the low temperature oxidation of coal using secondary ion mass spectrometry[J]. Fuel,1989,68: 1077-1079.

[57] MACPHEE J A,NANDI B N. ^{13}C n.m.r. as a probe for the characterization of the low-temperature oxidation of coal[J]. Fuel,1981,60: 169-170.

[58] 戴广龙. 煤低温氧化过程中自由基浓度与气体产物之间的关系[J]. 煤炭学报,2012, 37(1): 122-126.

[59] 何飞,王德明,雷丹,等. 煤低温氧化升温速率与自由基浓度的特性分析[J]. 煤矿安全, 2011,8: 15-18.

[60] DACK S W, HOBDAY M D, SMITH T D, et al. Free radical involvement in the oxidation of Victorian brown coal[J]. Fuel,1983,62: 1510-1512.

[61] DACK S W, HOBDAY M D, SMITH T D, et al. Free-radical involvement in the drying and oxidation of Victorian brown coal[J]. Fuel,1984,63:39-42.

[62] GROSSMAN S L,DAVIDI S,COHEN H. Emission of toxic and fire hazardous gases from open air coal stockpiles[J]. Fuel,1994,73: 1184-1188.

[63] ITAY M, HILL C, GLASSER D. A study of the low temperature oxidation of coal [J]. Fuel Processing Technology,1989,21: 81-97.

[64] 郭小云,王德明,李金帅. 煤低温氧化阶段气体吸附与解析过程特性研究[J]. 煤炭工程,2011,5: 102-104.

[65] 戴广龙. 煤低温氧化过程气体产物变化规律研究[J]. 煤矿安全,2007,1: 1-4.

[66] 许涛,王德明,雷丹,等. 基于 CO 浓度的煤低温氧化动力学试验研究[J]. 煤炭科学技术,2012,40(3): 53-55.

[67] WANG H H,DLUGOGORSKI B Z,KENNEDY E M. Experimental study on low-temperature oxidation of an Australian coal[J]. Energy Fuels,1999,13:1173-1179.

[68] WANG H H,DLUGOGORSKI B Z,KENNEDY E M. Examination of CO_2,CO and H_2O formation during low-temperature oxidation of a bituminous coal[J]. Energy Fuels,2002,16:586-592.

[69] WANG H H,DLUGOGORSKI B Z,KENNEDY E M. Analysis of the mechanism of the low-temperature oxidation of coal[J]. Combustion and Flame,2003,134:107-117.

[70] WANG H H,DLUGOGORSKI B Z,KENNEDY E M. Pathways for production of CO_2 and CO in low-temperature oxidation of coal[J]. Energy and Fuels,2003,17: 150-158.

[71] BARIS K,KIZGUT S,DIDARI V. Low-temperature oxidation of some Turkish coals

[J]. Fuel,2012,93：423-432.
[72] YUAN L, SMITH A C. Experimental study on CO and CO_2 emissions from spontaneous heating of coals at varying temperatures and O_2 concentrations [J]. Journal of Loss Prevention in the Process Industries,2013,26(6)：1321-1327.
[73] GREEN U,AIZENSHTAT Z,HOWER J C,et al. Modes of formation of carbon oxides (CO_x(x=1,2))from coals during atmospheric storage：Part 1：effect of coal rank[J]. Energy and Fuels,2010,24：6366-6374.
[74] GREEN U,AIZENSHTAT Z,HOWER J C,et al. Modes of formation of carbon oxides (CO_x(x=1,2))from coals during atmospheric storage：Part 2：effect of coal rank on the kinetics[J]. Energy and Fuels,2011,25：5625-5631.
[75] KARSNER G G,PERLMUTTER D D. Model for coal oxidation kinetics. 1. Reaction under chemical control[J]. Fuel,1982,61：29-34.
[76] 戴广龙. 煤低温氧化与吸氧试验研究[J]. 辽宁工程技术大学学报(自然科学版),2008,27(2)：172-175.
[77] 尹晓丹,王德明,仲晓星. 基于耗氧量的煤低温氧化反应活化能研究[J]. 煤矿安全,2010,7：12-15.
[78] CARPENTER D L,SERGEANT G D. The initial stages of the oxidation of coal with molecular oxygen. Ⅲ—Effect of particle size on rate of oxygen consumption[J]. Fuel,1996,45：311-313.
[79] HARRIS J A,EVANS D G. Low-temperature oxidation of brown coal. 2. Elovich adsorption kinetics and porous materials[J]. Fuel,1975,54：276-278.
[80] KAM A Y,HIXSON A N,PERLMUTTER D D. The oxidation of bituminous coal-Ⅱ. Experimental kinetics and interpretation[J]. Chemical Engineering Science,1976,31：821-834.
[81] KRISHNASWAMY S K,BHAT S,GUNN R D,et al. Low-temperature oxidation of coal. 1. A single-particle reaction-diffusion model[J]. Fuel,1996,75：333-343.
[82] KRISHNASWAMY S K,GUNN R D,AGARWAL P K. Low-temperature oxidation of coal. 2. An experimental and modelling investigation using a fixed-bed isothermal flow reactor[J]. Fuel,1996,75：344-352.
[83] WANG H H,DLUGOGORSKI B Z,KENNEDY E M. Oxygen consumption by a bituminous coal：time dependence of the rate of oxygen consumption[J]. Combustion Science and Technology,2002,174：165-185.
[84] JAKAB E,TILL F,VARHEGYI G. Thermogravimetric-mass spectrometric study on the low temperature oxidation of coals[J]. Fuel Processing Technology,1991,28：221-238.
[85] VASSIL N M. Self-ignition and mechanism of interaction of coal with oxygen at low temperatures[J] .Fuel,1977,56：158-164.
[86] 舒新前. 煤炭自燃的热分析研究[J]. 中国煤田地质,1994,6(2)：25-29.
[87] 徐精彩. 煤自燃危险区域判定理论[M]. 北京：煤炭工业出版社,2001.

[88] 肖旸，马砺，王振平，等. 采用热重分析法研究煤自燃过程的特征温度[J]. 煤炭科学技术，2007，5：73-76.

[89] PISUPATI A V，SCARONI T W，HATCHER T G. Devolatilization behaviour of weathered and laboratory oxidized bituminous coals[J]. Fuel，1993，72：165-173.

[90] PISUPATI A V，SCARONI T W，STOESSNER R D. Combustion characteristics of naturally weathered（in situ）bituminous coals[J]. Fuel Processing Technology，1991，28：49-66.

[91] PISUPATI S V，SCARONIC A W. Effects of natural weathering and low-temperature oxidation on some aspects of the combustion behaviour of bituminous coals[J]. Fuel，1993，72：779-785.

[92] WORASUWANNARAK N，NAKAGAWA H，MIURA K. Effect of pre-oxidation at low temperature on the carbonization behavior of coal[J]. Fuel，2002，81：1477-1484.

[93] 张嬿妮，邓军，罗振敏，等. 煤自燃影响因素的热重分析[J]. 西安科技大学学报，2008，2：388-391.

[94] MOHALIK N K，PANIGRAHI D C，SINGH V K. Application of thermal analysis techniques to assess proneness of coal to spontaneous heating[J]. Journal of Thermal Analysis Calorimetry，2009，98：507-519.

[95] 彭本信. 应用热分析技术研究煤的氧化自燃过程[J]. 煤矿安全，1990，4：1-12.

[96] 潘乐书，杨永刚. 基于量热分析煤低温氧化中活化能研究[J]. 煤炭工程，2013，6：102-105.

[97] MACKINNON A J，HALL P J，MONDRAGON F. Enthalpy relaxation and glass transitions in point of ayr coal[J]. Fuel，1995，74：136.

[98] HALL P J，MACKINNON A J，MONDRAGON F. Role of glass transitions in determining enthalpies of air oxidation in north Dakota lignite[J]. Energy Fuels，1994，8：1002-1003.

[99] GARCIA P，HALL P J，MONDRAGON F. The use of differential scanning calorimetry to identify coals susceptible to spontaneous combustion[J]. Thermochimica Acta，1999，336：41-46.

[100] 余明高，郑艳敏，路长，等. 煤低温氧化热解的热分析实验研究[J]. 中国安全科学学报，2009，9：83-86.

[101] 彭伟，何启林，葛新玉. 煤炭自燃指标性气体确定的实验研究[J]. 中国安全科学学报，2010，12：140-144.

[102] 王兰云，蒋曙光，邵昊，等. 煤自燃过程中自氧化加速温度研究[J]. 煤炭学报，2011，36(6)：989-992.

[103] KÖK M V，OKANDAN E. Kinetic analysis of DSC and thermogravimetric data on combustion of lignite[J]. Journal of Thermal Analysis Calorimetry，1996，46：1657-1669.

[104] KÖK M V，OKANDAN E. Thermal analysis of crude oil-lignite mixture by differential scanning calorimetry[J]. Fuel，1994，73：500-504.

[105] OZBAS K E, KÖK M V, HICYILMAZ C. DSC study of the combustion properties of Turkish coals [J]. Journal of Thermal Analysis Calorimetry, 2003, 71: 849-856.
[106] JONES R E, TOWNEND D T A. Mechanism of the oxidation of coal[J]. Nature, 1945, 155: 424-425.
[107] JONES R E, TOWNEND D T A. The oxidation of coal[J]. Journal of the Society of Chemical Industry, 1949, 68: 197-201.
[108] LYNCH B M, LANCASTER L, MACPHEE J A. Carbonyl groups from chemically and thermally promoted decomposition of peroxides on coal surfaces: detection of specific types using photoacoustic infrared Fourier transform spectroscopy[J]. Fuel, 1987, 66: 979-983.
[109] LIOTTA R, BRONS G, ISAACS J. Oxidative weathering of Illinois No. 6 coal[J]. Fuel, 1983, 62: 781-791.
[110] GREEN U, AIZENSHTAT Z, RUTHSTEIN S, et al. Stable radicals formation in coals undergoing weathering: effect of coal rank[J]. Physical Chemistry Chemcial Physics, 2012, 14(37): 13046-13052.
[111] LANDAIS P, ROCHDI A. In situ examination of coal macerals oxidation by micro-FT-i.r. spectroscopy[J]. Fuel, 1993, 72(10): 1393-1401.
[112] CALEMMA V, RAUSA R, MARGARIT R, et al. FTIR. study of coal oxidation at low temperature[J]. Fuel, 1988, 67: 764-769.
[113] TAHMASEBI A, YU J, HAN Y, et al. Study of chemical structure changes of Chinese lignite upon drying in superheated steam, microwave, and hot air [J]. Energy Fuels, 2012, 26: 3651-3660.
[114] TEVRUCHT M L E, GRIFFITHS P R. Activation energy of air-oxidized bituminous coals[J]. Energy Fuels, 1989, 3: 522-527.
[115] YÜRÜM Y, ALTUNTAŞ N. Air oxidation of Beypazari lignite at 50 °C, 100 °C and 150 °C[J]. Fuel, 1998, 77(15): 1809-1814.
[116] 戚绪尧. 煤中活性基团的氧化及自反应过程[D]. 徐州：中国矿业大学，2011.
[117] 王继仁，邓存宝. 煤微观结构与组分量质差异自燃理论[J]. 煤炭学报，2007，32(12)：1291-1296.
[118] 余明高，贾海林，于水军，等. 乌达烟煤微观结构参数解算及其与自燃的关联性分析[J]. 煤炭学报，2006，31(5)：610-614.
[119] 葛岭梅，李建伟. 神府煤低温氧化过程中官能团结构演变[J]. 西安科技学院学报，2003，23(2)：187-190.
[120] PAINTER P C, SNYDER R W, PEARSON D E, et al. Fourier transform infrared study of the variation in the oxidation of a coking coal[J]. Fuel, 1980, 59(5): 282-286.
[121] HUFFMAN G P, HUGGINS F E, DUNMYRE G R, et al. Comparative sensitivity of various analytical techniques to the low-temperature oxidation of coal[J]. Fuel, 1985, 64(6): 849-856.

[122] WU M M, ROBBINS G A, WINSCHEL R A, et al. Low-temperature coal weathering: its chemical nature and effects on coal properties[J]. Energy Fuels, 1988, 2: 150-157.

[123] BOUWMAN R, FRERIKS I L C. Low-temperature oxidation of a bituminous coal. Infrared spectroscopic study of samples from a coal pile[J]. Fuel, 1980, 59(5): 315-322.

[124] CIMADEVILLA J L G, ÁLVAREZ R, PIS J J. Influence of coal forced oxidation on technological properties of cokes produced at laboratory scale[J]. Fuel Processing Technology, 2005, 87: 1-10.

[125] MARINOV V N. Self-ignition and mechanisms of interaction of coal with oxygen at low temperatures. 1. Changes in the composition of coal heated at constant rate to 250 ℃ in air[J]. Fuel, 1977, 56: 153-157.

[126] PERRY D L, GRINT A. Application of XPS to coal characterization[J]. Fuel, 1983, 62: 1024-1033.

[127] BORAH D, BARUAH M K. Kinetic and thermodynamic studies on oxidative desulphurisation of organic sulphur from Indian coal at 50-150 ℃ [J]. Fuel Processing Technology, 2001, 72: 83-101.

[128] NELSON C R. Coal weathering: chemical processes and pathways[M]//NELSON C R. Chemistry of coal weathering. Amsterdam: Elsevier, 1989: 1-32.

[129] KUDYNSKA J, BUCKMASTER H A. Low-temperature oxidation kinetics of high-volatile bituminous coal studied by dynamic in situ 9 GHz c.w. e.p.r. spectroscopy [J]. Fuel, 1996, 75: 872-878.

[130] CARR R M, KUMAGAI H, PEAKE B M, et al. Formation of free radicals during drying and oxidation of a lignite and a bituminous coal[J]. Fuel, 1995, 74: 389-394.

[131] RHOADS C A, SENFTLE J T, COLEMAN M M, et al. Further studies of coal oxidation[J]. Fuel, 1983, 62: 1387-1392.

[132] DU Z, SAROFIM A F, LONGWELL J P, et al. Kinetic measurements and modelling of carbon oxidation[J]. Energy Fuels, 1991, 5: 214-221.

实验装置和测试方法

2.1 煤样的选取与制备

本研究选取三种具有代表性的煤种作为研究用样，它们分别为锡林郭勒盟褐煤(XM)、神东亚烟煤(SD)和枣庄烟煤(ZZ)，主要是以煤样的产地、变质程度以及自燃倾向性作为选取的依据。对采集的新鲜煤样在氮气气氛下进行粉碎，筛选出 0.18～1.00 mm，1.00～2.00 mm，2.00～3.35 mm，3.35～4.00 mm 和 4.00～4.75 mm 五个不同粒径范围的样品，并密封保存于冰箱内。每种粒径的煤样筛分质量约为 1.0 kg，分别用于煤质特性的分析表征和不同条件下的氧化实验考察。三种实验用煤的工业分析和元素分析显示在表 2-1 中，同时它们的 H/C 和 O/C 摩尔比也列在表 2-1 中。

表 2-1　　实验所用煤样的工业分析和元素分析

煤样	工业分析/wt%			元素分析(daf)/wt%					H/C**	O/C**
	M_{ad}	A_d	V_{daf}	C	H	O*	S	N		
XM 煤	27.99	11.08	47.45	68.16	3.95	24.95	1.41	1.53	0.70	0.27
SD 煤	9.43	7.15	28.24	76.29	4.07	17.34	0.91	1.39	0.64	0.17
ZZ 煤	0.39	6.4	37.88	82.22	5.21	10.71	1.47	0.39	0.76	0.10

注：ad——空气干燥基；d——干燥基；daf——无灰干燥基；*——差减法；**——摩尔比。

从表 2-1 可以看出，XM 煤具有较高的 O 含量，而 ZZ 煤含有较多的 H 元素，表现出明显煤种差异性。表 2-2 显示出这三种煤中矿物质的种类和含量也有很大的差别。

表 2-2　　三种煤样的灰成分分析

煤样	灰成分分析/wt%									
	SiO_2	Al_2O_3	Fe_2O_3	CaO	MgO	TiO_2	SO_3	K_2O	Na_2O	P_2O_5
XM 煤	34.12	12.55	10.27	16.93	4.57	1.65	15.57	1.14	2.32	0.39

续表 2-2

煤样	灰成分分析/wt%									
	SiO_2	Al_2O_3	Fe_2O_3	CaO	MgO	TiO_2	SO_3	K_2O	Na_2O	P_2O_5
SD 煤	50.17	3.05	9.52	18.61	0.73	0.42	13.43	0.90	2.97	0.05
ZZ 煤	68.60	2.37	4.18	19.70	0.38	0.39	0.90	0.07	1.25	0.17

2.2 气相产物释放特性实验

实验选取一组(15 个)改装的水热反应釜作为氧化实验反应器(分批式反应器),对煤低温氧化过程中气相产物释放规律进行过程解析。氧化反应装置示意图如图 2-1 所示。实验装置主要由五部分组成:聚四氟乙烯瓶体(耐 250 ℃高温);压紧瓶盖;氟化硅垫片(耐高温,受热膨胀,易扎透);取气孔(针头大小);不锈钢壳体(维持压力,保护瓶体,易导热),以及其他附件。通过测定连续时间间隔内反应器内气体浓度,对煤低温氧化过程中气相产物释放过程进行解析。

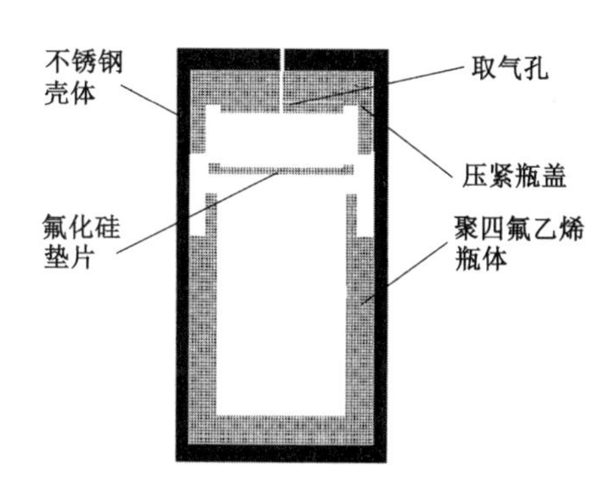

图 2-1 煤低温氧化反应器示意图

恒温氧化实验在鼓风恒温干燥箱内进行,实验装置如图 2-2 所示。恒温氧化实验分别在 60 ℃、80 ℃、100 ℃、125 ℃、150 ℃、175 ℃和 200 ℃温度下进行。实验前,首先将恒温干燥箱设定为实验温度,待恒温干燥箱内温度达到预定温度后(误差为±0.5 ℃),恒温0.5 h,保证温度恒定、均匀。实验时,首先准确称量 1.0 g 的煤样 15 份,依次放入 15 个容积为 50 mL 的分批式反应器内,拧紧反应器后,将反应器放入恒温箱装置内。然后每隔 30 min 取出一个煤样罐,用密封性较好的注射器抽出 1 mL 罐内气体注入 GC-950 型气相色谱分析仪中,分析气体成分与浓度,主要检测 CO_2 和 CO 气体浓度,色谱误差为±5%。在实验过程中选取其中一个反应器,插入一根热电偶,测定反应器内煤体温度,结果表明反应器内煤体在实验开始 0.5 h 后就能升到实验温度,并且煤样温度变化范围为±1 ℃。在本实验过程中,同时考察了不同粒径(0.850~2.360 mm,0.425~0.850 mm,0.250~0.425 mm,0.125~0.250 mm 和<0.125 mm)、不同煤样质量(0.5 g、1.0 g、2.5 g 和 5.0 g)以及不同反应器体积(25 mL、50 mL 和 100 mL)对煤低温氧化过程的影响。

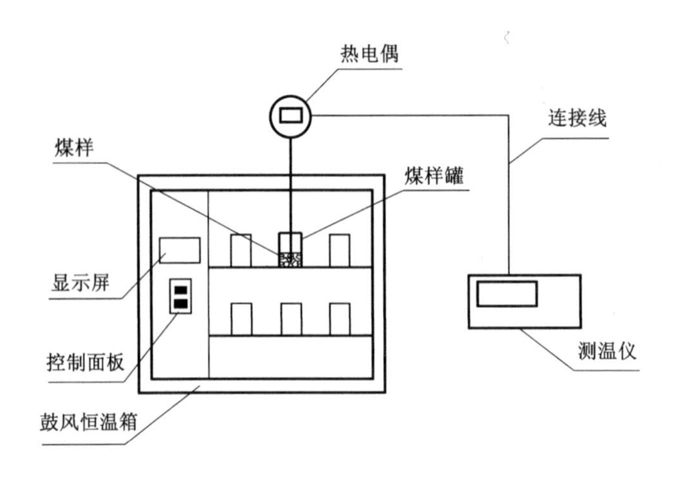

图 2-2　煤恒温氧化实验装置

2.3 气相产物吸附特性实验

由于煤体对 CO_2 气体具有较强的吸附特性[1,2]，因此在煤氧化过程中产生的部分 CO_2 会被煤体吸附，从而造成实验误差。同时不同煤种对 CO_2 吸附特性也存在明显差别，煤体对 CO_2 吸附特性主要受到温度、CO_2 分压、煤种变质程度及煤体空隙结构等参数的影响。为了降低实验误差，必须研究这三种煤对 CO_2 的吸附特性。

煤体对 CO_2 吸附实验在常温(约 25 ℃)条件下进行，实验所采用的反应器即为氧化实验反应器。在实验前，首先对煤样在 95 ℃条件下进行脱水和脱气处理，处理后的煤样密封保存。实验时，分别称取 0.1 g、1.0 g、2.5 g 和 5.0 g 煤样装入反应器内，并进行密封。然后，向反应器内注入 CO_2，当 CO_2 达到一定浓度时停止注射。由于煤种特性的不同，注入量根据各个煤种氧化产生的 CO_2 量来确定。对于 ZZ 煤，其氧化实验过程中生成的 CO_2 浓度范围为 3%～5%(vol%)，因此其注入后 CO_2 浓度为 5%(vol%)；相应地 SD 煤和 ZZ 煤吸附实验时反应器内注入 CO_2 后浓度分别为 8%(vol%)和 15%(vol%)。同时对于每一组吸附实验，进行了空白实验。在空白实验中，反应器内不放置煤样，仅注入相应浓度的 CO_2。吸附实验进行 7 h 后，认为反应器内气相中和煤体中 CO_2 浓度达到平衡。用密封进样针从反应器内抽取 1 mL 气体，测定气相中 CO_2 浓度。通过测定反应器内 CO_2 浓度变化规律对实验数据进行校正。

2.4 热重(TG-DTG)实验

煤低温氧化过程中煤体质量的变化规律通过德国 NETZSCH-STA409C 型热分析仪进行实验研究，为了保证煤体与空气的充分接触，实验采用 Al_2O_3 平底坩埚。煤低温氧化涉及一系列复杂的物理化学过程，在这些过程中涉及质量变化的过程包括煤与氧气的氧化反应和煤中水分挥发以及内在含氧官能团热分解过程[3,4]。其中煤与氧气的氧化反应会生成中间含氧络合物，从而引起煤体质量的增加；而煤中水分挥发以及内在含氧官能团热分解过程，会引起煤体质量的降低。在煤低温氧化过程中，这两个过程共同决定着煤炭质量的变化，因而测定质量变化更是一个综合的结果。然而，在这些过程中，我们更关心的是煤与氧气的氧化反应所引起的热量及质量的变化，因为这个过程是煤自热乃至自燃过程热量的根源。另外，对于易氧化的低阶煤，例如褐煤和次烟煤等，其煤体内含有较多的水分和内在易分解官能团，在煤低温氧化过程中更容易发生热分解反应，在利用 TGA 分析技术研究煤与氧气的氧化反应质量变化时，更容易受到平行过程的影响，而不是最本质的煤与氧气氧化反应所引起的质量变化。基于上面的分析，在程序升温氧化和恒温氧化实验中分别进行了两种测试方法：氮气气氛下的 TGA 实验和空气气氛下的 TGA 实验。空气气氛下的 TG(TG-air)曲线反映的是由于煤与氧气的氧化反应和煤中水分挥发以及内在含氧官能团热分解过程所引起的煤样质量的变化，是一个总包质量变化；而氮气气氛下的 TG 曲线（TG-N_2）反映的是由于煤中水分挥发以及内在含氧官能团热分解所引起的质量变化；二者的差减 TG 曲线（TG-subtr.）可以很好地反映煤与氧气的氧化反应所引起的煤样质量变化。

在程序升温氧化实验中，研究煤样质量随氧化温度增加的变化规律。实验时用精度为万分级天平准确称量一定质量煤样，然后迅速将煤样均匀松散地铺在坩埚上。在第一组实验中，首先向加热炉内通入 60 mL/min 高纯度氮气，用于置换加热炉内的空气。1 h 后，保持氮气气流，然后将煤样以 1 K/min 升温速率从室温加热到 300 ℃。在第二组实验中，为了和第一组实验保持一致，在加热前，首先向加热炉内通入 60 mL/min 高纯度氮气 1 h，然后将氮气气氛切换为空气气氛，气流流速仍为 60 mL/min。接着将煤样以 1 K/min 升温速率从室温加热到 300 ℃。在程序升温氧化实验中，实验结果容易受到升温速率、煤样质量以及氧气浓度的影响，因而在实验过程中，同时考察了不同升温速率（1 K/min、2.5 K/min 和 5 K/min）、不同煤样质量（10 mg、20 mg 和 30 mg），以及氧气浓度（12.5％、20.9％和37.5％）实验条件下的煤样质量变化规律。为了确保实验的重现性，以上每组实验重复两次。

在恒温氧化实验中，研究煤样质量随氧化时间变化规律。实验分别在 80 ℃、100 ℃、125 ℃、150 ℃、175 ℃、200 ℃和 230 ℃条件下进行恒温实验。在恒温实验时，由于程序设定温度与加热炉内实际温度有差别，需要对热天平恒温温度进行校正。以 100 ℃恒温为例，程序设定每次增加 5 ℃，当程序温度设置为 115 ℃时，天平恒温温度才能恒温在 100 ℃。相应地，对其他温度点也进行了同样的校正。实验时用万分之一精度级天平准确称量 10.00 mg 质量煤样，然后迅速将煤样均匀松散地铺在坩埚上。在第一组实验中，首先将加热炉内通入 60 mL/min 高纯度氮气 1 h，用于置换加热炉内的空气。接着将煤样迅速加热至实验温度（例如 100 ℃），然后在 100 ℃时恒温 7 h。在第二组实验中，同样首先向加热炉内通入 60 mL/min 高纯度氮气 1 h，然后将氮气气氛切换为空气气氛，气流流速仍为 60 mL/min。接着将煤样迅速加热至实验温度（例如 100 ℃），然后在 100 ℃时恒温 7 h。为了确保实验的重现性，以上每组实验重复两次。

2.5 差示扫描量热(DSC)实验

煤低温氧化过程中热量变化情况通过德国NETZSCH-204 HP型差示扫描量热仪进行测定。与前面的煤低温氧化过程中质量变化规律相类似,煤低温氧化热量变化涉及一系列物理化学过程,这些过程包括煤与氧气的氧化反应和煤中水分挥发以及内在含氧官能团热分解过程。其中煤与氧气的氧化反应会生成中间含氧络合物,为放热过程[5];而煤中水分挥发以及内在含氧官能团热分解,为吸热过程[6]。在煤低温氧化过程中,这两个过程共同决定着系统热量变化,因而一般实验测得的热量变化更是一个综合的结果。然而,在这些过程中,我们更关心的是煤与氧气的氧化反应所引起的热量变化,因为这个过程是煤自热乃至自燃过程热量的根源。基于上面的分析,在DSC程序升温氧化过程中进行了两种测试分析:氮气气氛下的DSC分析实验和空气气氛下的DSC分析实验。空气气氛下的DSC(DSC-air)曲线反映的是由于煤与氧气的氧化反应和煤中水分挥发以及内在含氧官能团热分解过程所引起的热量变化,是一个总包热量变化;而氮气气氛下的DSC(DSC-N_2)反映的是由于煤中水分挥发以及内在含氧官能团热分解所引起的热量变化;二者差减DSC谱图(DSC-subtr.)反映的是煤与氧气的氧化反应所引起的煤体热量变化。

在DSC程序升温氧化实验中,研究热量随氧化温度增加时的变化规律。实验过程与TG实验过程相类似。实验时用精度为万分之一级天平准确称量一定质量煤样,然后迅速将煤样放入DSC坩埚内。在第一组实验中,首先向反应釜内通入60 mL/min高纯度氮气,用于置换加热炉内的空气。1 h后,保持氮气气流,然后将煤样以1 K/min升温速率从室温加热到300 ℃。在第二组实验中,为了和第一组实验保持一致,在加热前,首先向反应釜内通入60 mL/min高纯度氮气1 h,然后将氮气气氛切换为空气气氛,气流流速仍为60 mL/min。接着将煤样以1 K/min升温速率从室温加热到300 ℃。在实验过程中,同时考察了不同升温速率(1 K/min、2.5 K/min和5 K/min)和不同煤样质量(5 mg、10 mg和15 mg)对实验结果的影响。为了确保实验的重现性,以上每组实验重复两次。

2.6 培养皿氧化实验

煤自燃是一个非常缓慢的过程,因此在自燃过程中煤结构在所处环境温度下是被充分氧化过的[7]。氧化煤样在培养皿中进行。在实验前,挑选7个相同尺寸的培养皿,培养皿内径为9 cm,壁厚约0.5 cm。实验前每次准确称量3.00 g实验用煤,均匀分散在每个培养皿内,铺展均匀的煤层厚度约为2 mm,从而保证煤样的充分氧化。然后将装有煤样的7个培养皿均匀地放置在一个专门设计的温控箱内,温控箱具有很好的空气对流性,同时温控箱内可以进行程序升温,从而能进行程序升温氧化实验。实验开始时,程序控温以1 K/min升温速率从室温加热煤样至200 ℃。在加热过程中,分别在50 ℃、75 ℃、100 ℃、125 ℃、150 ℃、175 ℃和200 ℃时从温控箱内取出一个培养皿。取出的培养皿放置在盛有硅胶的干燥皿内,等冷却至室温后,将氧化煤样装入一个密封的聚四氟乙烯瓶子内,防止其进一步氧化。为了降低实验误差以及制备足够的氧化煤样用于工业分析和元素分析,进行6次重复氧化实验。所有氧化煤样在同一时间内进行表征分析。另外，为了降低分析误差，对每个温度点下的氧化煤样进行 2 次分析。

2.7 元素分析

煤中各种元素(C、H、O、N 和 S)在煤低温氧化过程中所起的作用是不同的。为了研究每种元素在低温氧化过程的迁移转化规律，需要对不同氧化程度煤样进行元素分析。采用德国 Elementar vario EL 型元素分析仪对原煤和不同氧化程度煤样的 5 种元素含量进行分析。其测试原理为，煤样在高温下被氧化分解生成 CO_2、H_2O、硫氧化物和氮氧化物，反应混合气经铜还原，生成 N_2、SO_2、CO_2 和 H_2O，再经不同的吸附柱依次吸附，进入热导池后 N_2 最先放出，然后是 CO_2 升温解吸释放，SO_2 升温解吸释放，最后是 H_2O 释放。样品进入反应器后在 C 和催化剂作用下形成 CO 和 CO_2，最后都被还原成 CO，经换算得出氧的含量。仪器操作条件：C、H、N 的氧化温度为 1 423 K，还原温度为 1 123 K[8]。

2.8 原位红外氧化实验

傅里叶变换红外光谱(FTIR)被广泛用于煤低温氧化过程中煤样官能团变化规律的研究。原始煤样以及氧化煤样的官能团通过德国 Bruker VERTEX 70 型红外光谱仪测定。该红外光谱仪配备有美国 Pike EZ-Zone 型原位反应池及温控仪，该温控仪温控模块可以实现程序升温氧化实验和恒温氧化实验。实验采用原位漫反射傅里叶变换红外光谱(in-situ FTIR)，可以实现实时在线检测氧化过程中煤样官能团的变化。

程序升温氧化实验具体操作步骤如下：① 在实验前，打开 FTIR 分析软件，对测试参数进行设置，光谱扫描范围为 4 000～500 cm^{-1}，分辨率为 2 cm^{-1}，扫描次数为 64 次/s，原位光谱吸收强度单位为 Kubelka-Munk；② 把 KBr 粉末放在白炽灯下烘烤 10 min 左右，然后将 KBr 装入样品池内，调节背景光强度为最大，然后测定红外光谱的背景谱图，测试结束将样品池取出，倒出 KBr 粉末；③ 将制备好的煤样(80～120 目)放入样品池内，向原位反应池内通入 30 mL/min 的空气，然后调节吸收光强度为最大，测定原煤的红外光谱谱图；④ 对温控模块进行程序设置，升温速率为 1 K/min，加热终温为 230 ℃，然后开始程序升温实验；⑤ 在固定时间间隔内(10 min)，对氧化煤样进行红外光谱测定。为了确保实验准确性，每组实验重复两次。

恒温氧化实验中具体操作步骤与程序升温氧化实验操作步骤相类似，不同之处在于步骤④和⑤。在恒温氧化过程中，对温控模块进行程序设置，设置温度为恒温氧化温度，例如 40 ℃、60 ℃、80 ℃、100 ℃、125 ℃、150 ℃、175 ℃、200 ℃和 230 ℃。等煤样温度升到设定温度后(大约 2 min)，进行恒温氧化实验，氧化时间为 7 h。在开始的 10 min，每隔 1 min 对氧化煤样进行红外光谱测定；在 10～60 min，每隔 5 min 对氧化煤样进行红外光谱测定；在 1～3 h，每隔 15 min 对氧化煤样进行红外光谱测定；在 3～7 h，每隔 30 min 对氧化煤样进行红外光谱测定。每个温度点下的恒温氧化实验重复两次。

参考文献

[1] GREEN U, AIZENSTAT Z, GIELDMEISTER F, et al. CO_2 adsorption inside the pore structure of different rank coals during low temperature oxidation of open air coal stockpiles[J]. Energy fuels, 2011, 25(9): 4211-4215.

[2] 降文萍,张庆玲,崔永君. 不同变质程度煤吸附二氧化碳的机理研究[J]. 中国煤层气, 2010, 7(4): 19-22.

[3] ZHANG Y L, WU J M, CHANG L P, et al. Kinetic and thermodynamic studies on the mechanism of low-temperature oxidation of coal: A case study of Shendong coal (China) [J]. International Journal of Coal Geology, 2013, 120: 41-48.

[4] SLOVAK V, TARABA B. Effect of experimental conditions on parameters derived from TG-DSC measurements of low-temperature oxidation of coal [J]. Journal of Thermal Analysis and Calorimetry, 2010, 101(2): 641-646.

[5] COHEN H, GREEN U. Oxidative decomposition of formaldehyde catalyzed by a Bituminous coal [J]. Energy Fuels, 2009, 23: 3078-3082.

[6] GARCIAB P, HALLA P J, MONDRAGON F. The use of differential scanning calorimetry to identify coals susceptible to spontaneous combustion [J]. Thermochimica Acta, 1999, 336: 41-46.

[7] 陆伟,胡千庭. 煤低温氧化结构变化规律与煤自燃过程之间的关系[J]. 煤炭学报, 2007, 32(9): 939-944.

[8] 王俊宏. 中国西部弱还原性煤热化学转化特性基础研究[D]. 太原: 太原理工大学, 2010.

CHAPTER 3

气相产物生成途径及动力学特性

气相产物的释放是煤低温氧化过程中最典型的宏观特性。在生产实践中，煤低温氧化产生的气相产物常被作为指标气体用于煤自燃早期预测预报及防治过程中[1-3]。从客观上来看，CO_2 和 CO 浓度的变化可为预测煤自燃状态提供主要信息。Yuan 等[4,5]研究发现，CO/CO_2 摩尔比与煤种特性无关，并且不受通风速率的影响，是一个稳定的煤自燃指标参数。其他研究也发现相类似的规律[6,7]。国外大多数国家采用 Graham's 指数(CO/CO_2)作为预测煤自燃状态指标[8]。同时 CO_2 和 CO 作为煤低温氧化过程中最主要的气相产物，其生成途径及生成机理是反映研究煤低温氧化过程的重要途径。目前研究认为煤低温氧化过程涉及自由基反应，在反应过程中会生成不稳定的表面氧化，这些不稳定的氧化物是释放 CO_2 和 CO 的前驱体[9-12]；羧酸的分解会生成 CO_2，羰基化合物的分解会释放 CO[13]。然而，这些研究结果仅仅表明煤与外部的氧气反应会释放气相氧化产物。事实上，除了氧气中含有氧原子外，煤大分子结构中也包含有氧原子，无论是煤主体结构组成部分(例如，醚类、羰基类或者羧酸类等)或者是以化学吸附形态存在于煤结构中的水分子，这些物质的分解也有可能参与气相产物的生成。这表明在煤低温氧化过程中 CO_2 和 CO 的生成可能存在两种途径：CO_2 和 CO 生成来自于氧气分子的氧化反应，或者 CO_2 和 CO 释放来自于原煤中赋存氧化物的分解反应。可以看出，这两种生成途径的关键是氧原子的来源问题。基于此，本研究将使用自制的新型反应器(如图 2-1 所示)，基于氧原子守恒定律，研究 CO_2 和 CO 的生成途径。煤种特性对煤的低温氧化过程起着决定性作用，不同煤种赋存的氧化物的种类和含量也有很大的差别，因此本书重点研究煤种特性对 CO_2 和 CO 生成模式影响，进而探讨煤低温氧化机理。

3.1 气体吸附特性

3.1.1 CO_2 吸附

由于煤体对 CO_2 气体具有较强的吸附特性，因此煤体会吸附煤氧化过程中产生的部分

CO_2，因而影响实验结果。同时不同煤种对 CO_2 吸附特性也存在明显差别。煤体对 CO_2 吸附特性主要受到温度、分压、煤种变质程度及煤体空隙结构等参数的影响。为了降低实验误差，首先必须对这三种 CO_2 煤吸附性进行研究。实验步骤见第 2.3 节。三种煤对 CO_2 进行吸附实验后，剩余 CO_2 的体积含量结果列于表 3-1 中。从表 3-1 可以看出，ZZ 煤和 SD 煤对 CO_2 有很强的吸附能力，特别是 SD 煤，在质量为 0.5 g 就表现出明显的吸附效果；当煤样质量达到 5.0 g 时，CO_2 含量大约降低了初始含量的一半。因此，必须对低温氧化实验研究中测得的 CO_2 浓度进行校正。同时表 3-1 显示，XM 煤对 CO_2 吸附能力很小，在质量为 5.0 g 时，其吸附量仅为 3%，该煤种在低温氧化生成 CO_2 实验研究中测得的结果可以忽略 CO_2 吸附误差，不需进行校正。

表 3-1　　　　煤样对 CO_2 的吸附特性

煤样质量/g	CO_2 含量/vol%			CO_2 减少量/%		
	ZZ 煤	SD 煤	XM 煤	ZZ 煤	SD 煤	XM 煤
0.0	5.0	8.0	10	0.0	0.0	0.0
0.5	4.8	7.6	9.9	4.0	5.0	1.0
1.0	4.6	6.3	9.8	8.0	21.3	2.0
2.5	4.0	5.8	9.8	27.5	27.5	2.0
5.0	3.5	4.3	9.7	30.0	46.3	3.0

3.1.2　CO 吸附

研究 CO 吸附特性所进行的实验类似于 CO_2 研究方法。实验结果表明煤体对 CO 没有明显的吸附作用。这与 Brown 等[14]的研究结果相一致。煤体对 CO_2 和 CO 吸附特性的差别，主要与二者的沸点有关，CO_2 沸点为 216 K，而 CO 沸点为 68 K，由于 CO_2 具有较高的沸点，所以与煤体之间具有较强的作用力。因此实验测得的 CO 数据不需要进行浓度校正。

3.2　CO_2 的释放规律

质量分别为 1.0 g 的 XM 煤、SD 煤和 ZZ 煤分别在 80 ℃和 150 ℃进行恒温氧化实验，所得 CO_2 释放规律如图 3-1 所示。从图可以看出，在最初几个小时的煤恒温氧化过程中，除了个别数据点外，CO_2 释放量与氧化时间呈现出类似线性关系；150 ℃条件下 CO_2 的释放速率远大于 80 ℃的释放速率。例如，在 80 ℃条件下氧化 7 h，SD 煤的 CO_2 生成量仅为 0.72 mL；而在150 ℃时，SD 煤的 CO_2 生成量为 20.12 mL，约为 80 ℃时的 28 倍。同时可以看出，煤种特性对 CO_2 释放量起着决定性作用。在实验条件下，CO_2 释放总量以变质程度较低的 XM 煤最多，而以变质程度较高的 ZZ 煤最少。例如，在 150 ℃条件下氧化 7 h，ZZ 煤释放量为 11.88 mL，而 XM 煤为 26.46 mL，为 ZZ 煤的 2 倍多。从这些数据可以看出，CO_2 释放量受到温度、煤样粒径、煤样质量及反应器容积等因素的影

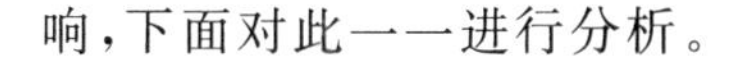

响，下面对此一一进行分析。

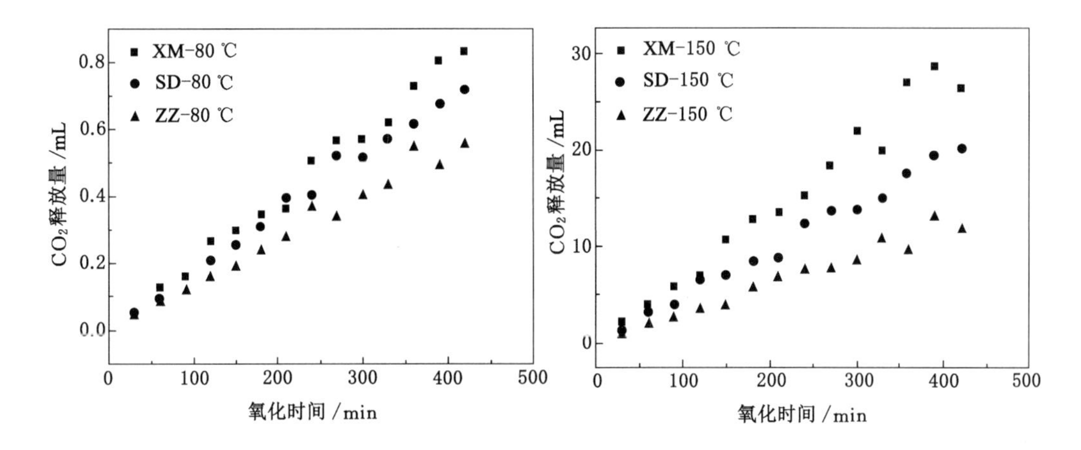

图 3-1　在 80 ℃和 150 ℃条件下三种煤的 CO_2 释放量随氧化时间变化的规律

3.2.1　温度的影响

研究表明温度对煤的低温氧化起着重要作用[9-12]。一般认为，温度每升高 10 ℃，反应速率相应地要升高 2～4 倍。同样，温度对气相产物的生成具有重要影响。温度对这三种煤 CO_2 释放量的影响结果如表 3-2 所示。

表 3-2　　三种煤在不同温度下氧化产生的 CO_2 释放量　　单位：mL

温度/℃	60	80	100	125	150	175	200
ZZ 煤	0.08	0.14	0.30	0.60	1.39	2.92	5.84
SD 煤	0.10	0.18	0.41	0.94	2.43	5.16	10.83
XM 煤	0.37	0.61	1.22	3.17	6.35	13.40	20.10

表 3-2 所示的是质量分别为 0.5 g 的 XM 煤、SD 煤和 ZZ 煤在不同温度下、100 mL 密封容器中氧化 7 h 产生的 CO_2 释放量。从表 3-2 可以看出，升高温度明显促进了三种煤的 CO_2 释放量，表现出与温度的正相关性。氧化温度每增加 20 ℃，CO_2 释放量就成数倍的增加。例如，0.5 g SD 煤在 60 ℃氧化 7 h 时，CO_2 释放量为 0.10 mL；在 125 ℃氧化时释放量为 0.94 mL，与 60 ℃相比大约增加一个数量级；当在 200 ℃条件下氧化时，CO_2 最大释放量为 10.83 mL，约为 60 ℃时的 108 倍。同时从表 3-2 还可以看到，XM 煤在 200 ℃条件下氧化 7 h 时，CO_2 生成量为 20.10 mL，即为反应器体积的 20.10%。这表明在此实验条件下反应器内 O_2 基本上已经被完全消耗，体积被 CO_2 所替代。

3.2.2　煤样质量的影响

煤样质量对煤低温氧化过程中 CO_2 释放量具有明显的促进作用[2]，研究认为，煤低温氧化主要发生在煤表面大孔结构上的活性位点，大孔结构可作为煤低温氧化过程的催化剂和碳载体，促进煤低温氧化进行[15]。因此，增加煤炭质量会成比例增加与煤低温氧化相关的活性位点数量，从而相应地增加氧的吸附量和氧化反应，增加气相产物的释放量。另外，在密封的反应器内，CO_2 释放量也会受到反应器内氧气含量的影响。在氧气含量充足的条件下，如果煤的活性位点的数量与煤样质量成比例关系，那么增加煤样的质量会同比例增加 CO_2 释放量。

不同质量的 XM 煤、SD 煤和 ZZ 煤在 50 mL 反应器内氧化 7 h 时的 CO_2 释放量如图 3-2和表 3-3 所示。这些数据表明，煤样质量对三种煤低温氧化的 CO_2 释放量具有明显影响。从图 3-2 和表 3-3 可以看出，尽管三种煤氧化消耗的氧气量(O_2)相差不大，但是随着煤样质量增加，CO_2 释放量却存在很大差别。对于变质程度较低的 XM 煤和 SD 煤，其 CO_2 释放量随着煤样质量的增加表现出明显增大的趋势；而对于变质程度较高的 ZZ 煤，其 CO_2 释放量随着煤样质量的增加变化不明显。CO_2 生成量与氧气消耗量关系可以用 $CO_2/\Delta O_2$ 表示，其意义为消耗单位体积氧气所能生成的 CO_2 量，其值大小反映煤低温氧化的 CO_2 生成能力，与煤种特性密切相关。从表 3-3 可以看出，在 100 ℃氧化条件下，随着煤样质量的增加，XM 煤和 SD 煤 $CO_2/\Delta O_2$ 比值表现出明显增加的趋势；而对于变质程度较高的 ZZ 煤，其 $CO_2/\Delta O_2$ 基本上不随煤样质量的增加而变化，这与前面的假设相矛盾。这种结果说明，ZZ 煤低温氧化过程中生成的 CO_2 主要来自于煤与氧气发生氧化的反应，而不是主要来自于煤大分子结构中的含氧官能团的热分解反应。相应地，对于变质程度较低的 XM 煤和 SD 煤，其 CO_2 生成主要来自于煤大分子结构中的含氧官能团的热分解。在其他氧化温度下，CO_2 释放过程表现出相类似的规律。

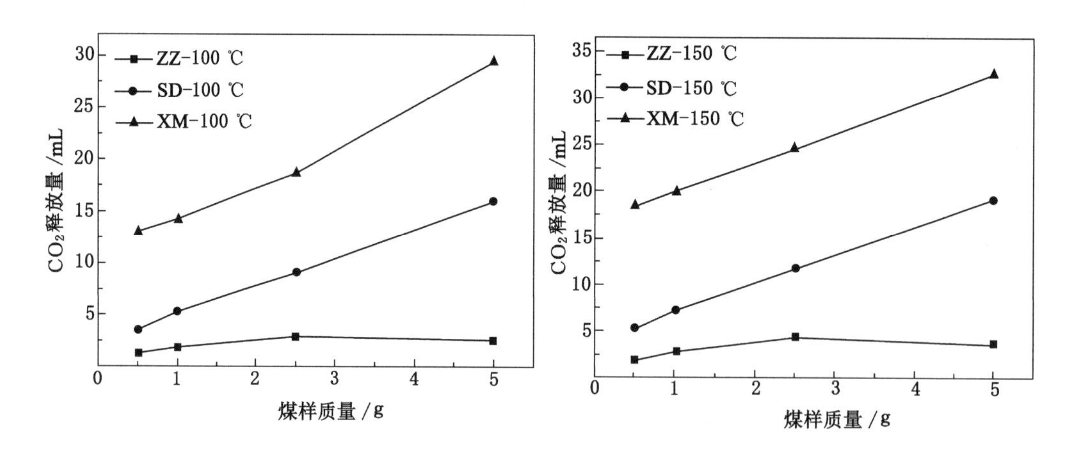

图 3-2 在 100 ℃和 150 ℃条件下三种煤产生的 CO_2 释放量与煤样质量的关系

表 3-3 在 100 ℃氧化条件下煤样质量对 CO_2 释放量的影响

煤种	煤样质量/g	CO_2 体积/mL	ΔO_2/mL	$CO_2/\Delta O_2$
XM 煤	0.5	13.00	5.78	2.25
	1.0	14.25	6.41	2.22
	2.5	18.60	6.45	2.88
	5.0	29.50	6.05	4.88

续表 3-3

煤种	煤样质量/g	CO_2 体积/mL	ΔO_2/mL	$CO_2/\Delta O_2$
SD 煤	0.5	3.53	5.82	0.61
	1.0	5.26	6.59	0.80
	2.5	9.06	6.98	1.30
	5.0	11.88	6.58	1.80
ZZ 煤	0.5	1.22	3.24	0.38
	1.0	1.83	6.55	0.28
	2.5	2.86	6.38	0.45
	5.0	2.50	5.88	0.43

同时实验结果显示，对于 XM 煤，其 CO_2 释放量远大于 O_2 消耗量。例如在 100 ℃氧化条件下，XM 煤 CO_2 最大释放量为 29.50 mL，而氧气消耗量仅为 6.05 mL；在 150 ℃氧化条件下，XM 煤 CO_2 最大释放量为 32.75 mL，而氧气消耗量仅为 9.07 mL。而 SD 煤低温氧化时，其 CO_2 生成量在低样品用量中也存在超过氧气消耗量的现象。这些数据充分表明了在煤氧化过程中，CO_2 不仅可以通过煤与氧气发生氧化反应生成，而且煤中的含氧官能团的热分解反应也是生成 CO_2 重要途径，而煤种特性是影响 CO_2 生成途径主要因素。特别是对于变质程度较低的 XM 煤种，煤低温氧化过程中 CO_2 释放主要来自于煤中赋存含氧官能团的热分解过程。

3.2.3 煤样粒径的影响

煤样粒径对煤氧化反应的影响主要体现在两个方面：降低煤样粒径会增加其比表面积，相应地增加煤的反应活性位点，从而加快煤的氧化反应；另一方面煤样粒径的降低，会减小煤体之间的空隙，从而降低氧气在煤体之间的扩散，因而降低煤的氧化反应[6]。煤样粒径对煤低温氧化过程中 CO_2 释放量的影响结果分别如表 3-4 和表 3-5 所示。

表 3-4　在 100 ℃氧化条件下煤样粒径对 CO_2 释放量的影响

粒径/mm	CO_2 释放量/mL		
	ZZ 煤	SD 煤	XM 煤
0.850～2.360	1.21	4.85	14.01
0.425～0.850	1.58	4.99	14.10
0.250～0.425	1.60	5.10	14.08
0.125～0.250	1.83	5.26	14.25
<0.125	1.52	5.60	14.46

表 3-5 在 150 ℃氧化条件下煤样粒径对 CO_2 释放量的影响

粒径/mm	CO_2 释放量/mL		
	ZZ 煤	SD 煤	XM 煤
0.850～2.360	1.85	6.21	19.42
0.425～0.850	2.06	6.5	19.53
0.250～0.425	2.56	7.05	19.72
0.125～0.250	2.76	7.16	19.95
＜0.125	2.01	7.30	20.32

从表 3-4 和表 3-5 可以看出，当煤样粒径范围从 0.850～2.360 mm 降低到 0.125～0.250 mm 时，CO_2 释放量表现出明显增加的趋势。当粒径降低到 0.125 mm 以下时，不同的煤种表现出不同的趋势：对于变质程度较低的 XM 煤和 SD 煤，CO_2 释放量继续增加；而对于变质程度较高的 ZZ 煤，CO_2 释放量表现出降低趋势。这说明对于 ZZ 煤，当煤样粒径小于 0.125 mm 时，由于粒径的减小，煤粒之间的孔隙率降低，从而降低氧气的扩散，而影响到煤的氧化反应，这进一步证实 ZZ 煤的 CO_2 主要来自于煤与氧气的氧化反应生成。由于 XM 煤和 SD 煤的 CO_2 主要来自于煤内在含氧官能团的热分解反应，增加粒径对其扩散过程影响较小，因而 CO_2 释放量表现出继续增加的趋势。因此，为了降低粒径所造成的影响，在后面的实验过程中，一般选取 0.125～0.250 mm 粒径煤样作为实验用煤。需要说明的是，实验结果与前人实验结果[9]的差别，主要是由于所采用的反应器的不同。在他们的研究中所采用的反应器是流通式反应器，而在本研究中所采用的反应器是密封式反应器，氧气在反应器内的流动场是不同的。

对比表 3-4 和表 3-5 可以看出，煤样粒径对 CO_2 释放量的影响与氧化温度密切相关。在 150 ℃氧化温度下，粒径对 CO_2 释放量的影响明显高于在 100 ℃氧化温度下。例如，ZZ 煤在 100 ℃条件下，不同粒径煤样 CO_2 释放量从 1.21 mL 增大到 1.83 mL，增加量为 0.62 mL；而在 150 ℃条件下，不同粒径煤样 CO_2 释放量从 1.85 mL 增大到 2.76 mL，增加量为0.91 mL。这说明随着氧化温度的增加，粒径的影响更加明显。这是由于随着氧化温度的增加，煤的氧化反应及热分解反应速率加快，单位时间内氧气消耗量明显增加，氧气的扩散作用起着决定性作用。然而，在 150 ℃温度下，煤样粒径对 XM 煤的 CO_2 释放量影响仍较小。这说明在 150 ℃下，XM 煤的 CO_2 释放量还是主要来自于煤中赋存的含氧化合物的热分解过程。

3.2.4 反应器容积的影响

反应器容积对煤低温氧化过程影响主要反映的是煤样装载量问题。反应器容积对煤氧化过程的影响，主要体现在以下三个方面：反应器内表面积的不同，反应器内氧气含量的不同以及氧化过程中蓄热环境的不同。在本研究中，反应器容积分别采用 25 mL、50 mL 和 100 mL 三种。研究结果表明，相同质量的煤样(例如 2.5 g)分别装入这三种不同容积的反应器内，在 100 mL 反应器内氧化反应速率更快，这应该是由于在 100 mL 反应器内煤样与氧气具有更大的接触面积，同时 100 mL 反应器内也含有更多的氧气含量。实验结果还显示，在 100 ℃氧化条件下，5.0 g 煤样在 360 min 内几乎将 25 mL 反应器内的氧气完全消耗；在 150 ℃氧化条件下，2.5 g 煤样在 360 min 内即可将 50 mL 反应器内的氧气几乎完全消耗；在 150 ℃氧化条件下，5.0 g 煤样在 300 min 内即可几乎完全消耗掉 100 mL 反应器内的氧气。Sujanti 等[16]在研究矿物质对煤自燃行为的影响时发现，随着反应器内表面积的增加，煤自燃临界温度也相应地增加。因此为了保证反应不受氧气浓度的影响，在实验过程中温度低于 100 ℃氧化条件下，1 g 煤样选择 25 mL 反应器；温度低于 150 ℃条件下，1.0 g 煤样选择 50 mL 反应器；在氧化温度低于 200 ℃时，1.0 g 煤样选择 100 mL 反应器。

3.3 CO 的生成规律

3.3.1 温度的影响

表 3-6 所示的是在不同温度下，质量分别为 1.0 g 的 XM 煤、SD 煤和 ZZ 煤氧化 7 h 的 CO 释放量结果。从表 3-6 可以看出，这三种煤的 CO 释放量都表现出与温度的正相关性。随着氧化温度的增加，CO 释放量迅速增大。以 SD 煤为例，在 60 ℃时，CO 释放量为 0.08 mL；在 125 ℃氧化时，CO 释放量为 0.40 mL，为 60 ℃的 5 倍；当氧化温度达到 200 ℃时，CO 最大释放量为 1.01 mL，为 60 ℃时的 12 倍多。

表 3-6　　温度对煤低温氧化过程中 CO 释放量的影响

煤种	CO 释放量/mL						
	60 ℃	80 ℃	100 ℃	125 ℃	150 ℃	175 ℃	200 ℃
ZZ 煤	0.09	0.19	0.25	0.32	0.46	0.67	0.85
SD 煤	0.08	0.13	0.26	0.40	0.48	0.77	1.01
XM 煤	0.06	0.16	0.22	0.27	0.34	0.48	0.79

对比 CO_2 释放量结果可以发现，在相同的氧化温度下，CO_2 释放量远大于 CO，温度对 CO_2 释放量的影响也大于 CO，即随着氧化温度的增加，CO_2 释放量增加的速率远大于 CO。例如，1.0 g ZZ 煤在 100 ℃时 CO_2 释放量为 1.83 mL，CO 释放量为 0.25 mL，CO_2 释放量约为 CO 的 7 倍；在 200 ℃时 CO_2 释放量为 12.63 mL，CO 释放量为 0.85 mL，CO_2 释放量约为 CO 的 15 倍。

3.3.2 煤样质量的影响

煤样质量对这三种煤氧化过程中 CO 释放量的影响如图 3-3 和表 3-7 所示。比较有趣的现象是，在 100 ℃和 150 ℃氧化条件下，变质程度较高的 SD 和 ZZ 煤的 CO 释放量与煤样质量存在相关性，而对于变质程度较低的 XM 煤，其 CO 释放量与煤样质量几乎无关。例如对于 ZZ 煤在 100 ℃条件下氧化时，当煤样质量为 1.0 g 时 CO 释放量仅为 0.16 mL，当煤样质量为 5.0 g 时 CO 释放量为 0.44 mL；对于 XM 煤，随着煤样质量的增加，而 CO 释放量维持在 0.22 mL 附近。CO 释放量与氧气消耗量的关系可以表示为 $CO/\Delta O_2$，其表示的意义是消耗单位体积氧气所能生成的CO量的大小，比值大小反映煤种生成CO能力，与煤种特性有很大关系。从表3-7可以看出，随着煤样质量的增加，ZZ煤和SD煤的$CO/\Delta O_2$呈现出明显增加的趋势，而XM煤的$CO/\Delta O_2$维持在0.38附近。在其他氧化温度下，$CO/\Delta O_2$表现出相类似的规律。

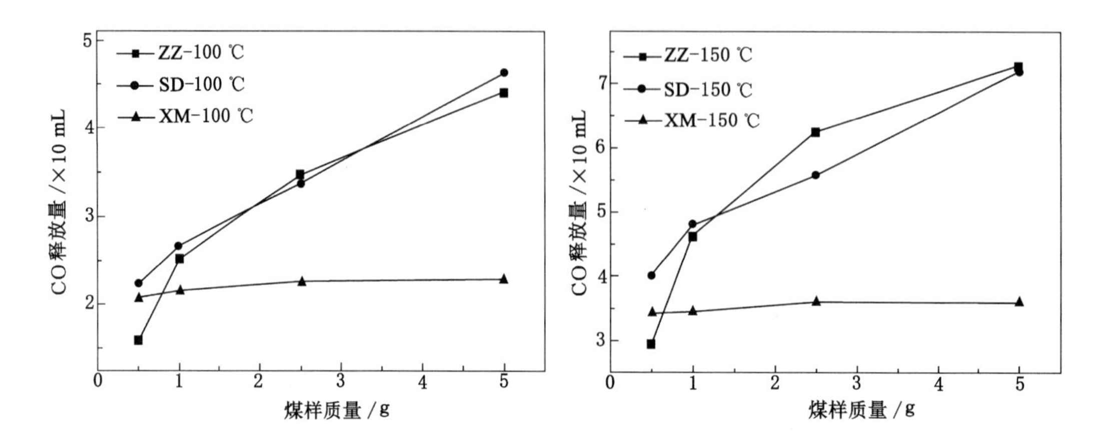

图3-3　不同温度条件下煤氧化过程中CO释放量与煤样质量的关系

表3-7　　在150 ℃氧化条件下煤样质量对CO释放量的影响

煤种	煤样质量/g	CO体积/×10 mL	ΔO_2/mL	$CO/\Delta O_2$
ZZ煤	0.5	2.94	4.86	0.06
	1.0	4.63	9.83	0.47
	2.5	6.24	9.58	0.65
	5.0	7.28	8.82	0.76
SD煤	0.5	4.01	8.73	0.46
	1.0	4.78	9.89	0.48
	2.5	5.56	9.64	0.58
	5.0	7.21	8.79	0.82
XM煤	0.5	3.40	8.67	0.39
	1.0	3.43	9.61	0.36
	2.5	3.59	9.68	0.37
	5.0	3.58	9.07	0.40

对比图3-2和图3-3可以明显看出，随着煤种变质程度的增加，煤样质量对CO_2和CO释放的影响是不同的，即XM煤的CO_2释放量与煤样质量表现出正相关性，而CO释放量与煤样质量几乎无关；ZZ煤的CO释放量与煤样质量表现出正相关性，而CO_2释放量与煤样质量几乎无关；而对于变质程度位于二者之间的SD煤，其CO_2和CO释放量都与煤样质量正相关，这种现象除了与其变质程度有关外，还可能与其岩相组成有关，因为岩相组分对煤的氧化活性也有很大的影响[10]。

由于XM煤CO释放量与煤样质量几乎无关，因此可以推断XM煤氧化过程中CO释放主要来自于煤与氧气氧化反应过程，而不是主要来自于原煤中赋存的含氧化合物的热分解。这是一个非常重要的结论，因为XM褐煤中内在氧含量相对较高，接近25%(wt%)。这从另一方面说明，XM煤在低温氧化过程中内在含氧官能团(例如羧酸等)氧化热分解主要释放CO_2，而不是CO。

SD煤和ZZ煤低温氧化的CO释放量随着煤样质量的增加而增大，尽管非线性增加，但仍表现出明显的正相关性。这种现象表明SD煤和ZZ煤大分子结构中含氧化合物作为反应活性的前驱体，在煤低温氧化过程中被氧化分解释放CO。这些现象表明煤种特性是影响煤低温氧化过程中CO释放的决定性因素。对于XM煤，其氧化过程中CO主要来自于煤与氧气氧化反应；而对于ZZ煤，其氧化过程中CO主要来自于煤内在的含氧官能团的热分解反应。

同时从图3-3可以看出，温度对CO释放的影响主要表现在释放量上，而对CO主要释放途径影响不大。例如，XM煤在100 ℃条件下氧化时，CO释放量为0.21 mL，而在150 ℃时CO释放量在0.34 mL附近，与煤样质量无关。而1.0 g ZZ煤在在100 ℃条件下氧化时CO释放量为0.25 mL，而在150 ℃时CO释放量为0.46 mL；并且CO增加量与煤样质量密切相关。

3.3.3 煤样粒径的影响

表3-8和表3-9所示为三种煤样在100 ℃和150 ℃两个温度条件下恒温氧化释放的CO量随煤样粒径的变化结果。可以看出，当煤样粒径从0.850～2.360 mm降低到0.125～0.250 mm时，CO释放量表现出明显增加的趋势；当煤样粒径继续降低到0.125 mm以下时，不同的煤种表现出不同的趋势：SD煤和ZZ煤的CO释放量继续增加，而XM煤的CO释放量表现出明显的降低。这表明由于粒径的减小，XM煤煤粒之间的孔隙率降低，减弱了氧气的扩散，从而影响到煤的氧化反应，这一现象进一步证实XM煤低温氧化过程中CO的形成主要来自于煤与氧气的氧化反应。由于SD煤和ZZ煤产生的CO主要来自于煤内在含氧官能团的热分解反应，粒径对其扩散过程的影响较小，因而CO释放仍表现出继续增加的趋势。

表3-8　　在100 ℃氧化条件下煤样粒径对CO释放量的影响

粒径/mm	CO释放量/×10 mL		
	ZZ煤	SD煤	XM煤
0.850～2.360	2.25	2.32	1.65
0.425～0.850	2.30	2.50	1.73
0.250～0.425	2.36	2.55	1.91
0.125～0.250	2.50	2.64	2.15
<0.125	2.63	2.71	1.81

对比表3-8和表3-9可以看出，在不同氧化温度下，粒径对CO释放量影响的强度是不同的。在150 ℃氧化温度下，粒径对CO释放量的影响明显高于在100 ℃的氧化温度下。例如，XM煤在100 ℃条件下，不同粒径煤样CO释放量在0.165～0.215 mL的范围

内变化，变化量为 0.05 mL；而在 150 ℃条件下，不同粒径煤样的 CO 释放量在 0.268～0.343 mL 的范围内变化，变化量为 0.075 mL。这说明氧化温度越高，粒径对氧化反应的影响越大。这是由于随着氧化温度的增加，煤的氧化反应及热分解反应速率加快，单位时间内氧气消耗量明显增加，氧气的扩散作用起着制约作用，因此粒径大小制约着氧化反应速率。与 100 ℃相比，在 150 ℃氧化温度下，煤样粒径对 ZZ 煤的 CO 释放量影响仍较小。这进一步表明在 150 ℃下，ZZ 煤的 CO 释放量还是主要来自于煤中赋存的含氧官能团的热分解过程。

表 3-9　在 150 ℃氧化条件下煤样粒径对 CO 释放量的影响

粒径/mm	CO 释放量/×10 mL		
	ZZ 煤	SD 煤	XM 煤
0.850～2.360	4.23	4.46	2.68
0.425～0.850	4.36	4.53	2.75
0.250～0.425	4.55	4.61	3.02
0.125～0.250	4.63	4.78	3.43
<0.125	4.75	4.90	2.79

3.4 气相产物的生成途径

前面的研究表明，煤低温氧化过程中 CO_2 和 CO 释放主要包含两个途径：煤中内在含氧官能团热分解过程和煤中活性位点与氧气氧化反应释放。对于不同煤种，由于煤中内在含氧官能团以及可与氧气发生反应的活性位点的数量不同，因而 CO_2 和 CO 释放途径表现出明显的差异性。下面将进一步探讨这两个释放途径。

3.4.1 热分解过程解析

煤热分解实验是在惰性气氛(Ar)下进行的。实验时，首先在一组体积为 50 mL 的反应器内分别装入不同质量的煤样，然后用 Ar 气置换反应器内空气，并在不同的氧化温度下恒温 7 h。同时考察不同质量和不同氧化温度的影响。在这种实验条件下，各种煤样释放的气相产物被认为是来自于煤内在含氧官能团的热分解过程。

煤样质量对不同质量的三种煤在 100 ℃和 150 ℃温度下热分解过程中 CO_2 释放量的影响如表 3-10 所示。从表可以看出，XM 煤和 SD 煤的 CO_2 释放量随着煤样质量的变化表现出明显增加的趋势；而 ZZ 煤的 CO_2 释放量随着煤样质量增加的变化不是很明显，即 ZZ 煤内在含氧官能团分解没有明显贡献于 CO_2 的释放。这个结论与前面提到的 ZZ 煤在氧化过程中释放 CO_2 主要来自于煤与氧气氧化反应结论相一致。另外，对于变质程度较低的 XM 煤，其在惰性气氛下释放的 CO_2 在煤低温氧化过程中总释放量中占据很大比例。例如，在 100 ℃条件下，5.0 g 煤样在 Ar 气氛下 CO_2 释放量为 14.85 mL，约为在空气气氛下 CO_2 释放量(29.50 mL)的 50%。

表 3-10　在 100 ℃和 150 ℃温度下煤样质量对热解过程中 CO_2 释放量的影响

煤样			CO_2 体积/mL	
煤种	质量/g	O 含量/wt%	100 ℃	150 ℃
ZZ 煤	0.5	10.71	0.24	0.30
	1.0		0.42	0.51
	2.5		0.63	0.76
	5.0		0.82	1.54
SD 煤	0.5	15.94	0.75	0.9
	1.0		1.69	2.04
	2.5		4.13	4.92
	5.0		9.99	11.59
XM 煤	0.5	24.96	2.15	2.6
	1.0		3.21	3.79
	2.5		8.22	9.53
	5.0		14.85	17.08

煤样质量对热分解过程中 CO 释放量的影响如图 3-4 所示。从图 3-4 可以看出，在惰性气氛下，三种煤 CO 的释放量随煤样质量增加都表现出增大的趋势。例如，在 100 ℃温度下，当煤样质量从 0.5 g 增加到 5.0 g 时，SD 煤的 CO 释放量从 0.04 mL 增加到 0.17 mL。同时可以看出，XM 煤中内在含氧官能团含量要远大于 SD 煤和 ZZ 煤，然而其在惰性气氛下 CO 释放量远小于 SD 煤和 ZZ 煤，这表明 XM 煤内在含氧官能团在热分解过程中更倾向于生成 CO_2，而不是 CO。这种现象正好与 CO_2 释放规律相反。这些差别可能是由于 XM 煤大分子结构中含氧官能团热分解生成 CO 的活化能大于 SD 煤和 ZZ 煤，同时也可能与煤的岩相组成有关。

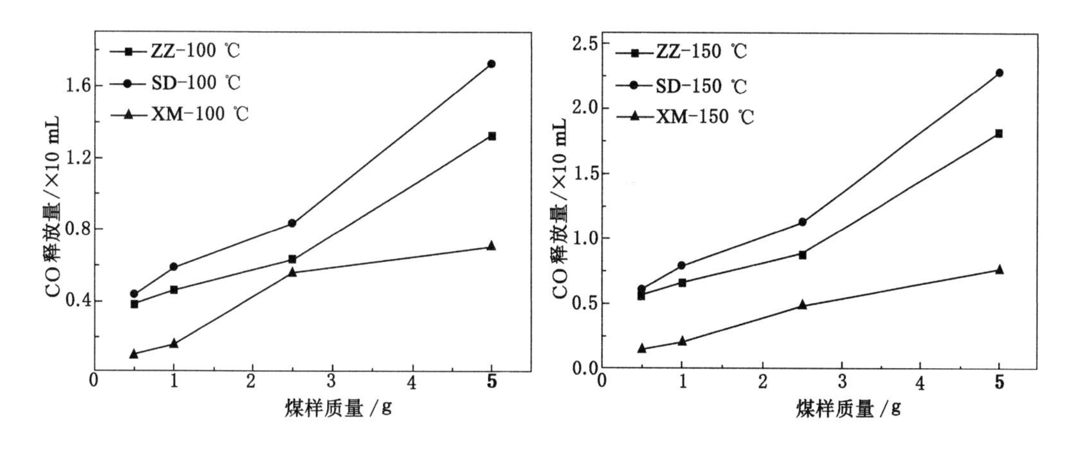

图 3-4　在 100 ℃ 和 150 ℃温度下煤样质量对热分解过程中 CO 释放量的影响

3.4.2 生成途径探讨

以上研究表明,煤低温氧化过程中释放的 CO_2 和 CO 前驱体为煤大分子结构中的含氧的活性位点。这些含氧的活性位点可以分为两类:一类是构成煤大分子骨架结构的组成部分,这部分含氧活性位点可以定义为内在含氧官能团,这些物质包括:醚类(C—O—C)、羰基类(C$=$O)、脂类(—C—O—CO—)以及羧酸类[—C$=$O(OH)—]等;另一类为煤表面活性位点(例如亚甲基等)与氧反应发生氧化生成的含氧官能团,这类氧化物主要包括过氧化氢(—C—O—OH),醇类(—C—OH)等。另外,有文献报道氧化反应生成的 CO_2 和 CO 中氧原子还可能来自煤中的水分子。然而,水分子不可能在低温下(30～200 ℃)分解为氧原子,参与 CO_2 和 CO 的生成。因此,煤氧化过程中 CO_2 和 CO 的释放可以用下面的两个途径来描述。

途径 1:

$$\text{Inherent oxygen } 1^a \longrightarrow CO_2 \tag{3-1}$$

$$\text{Inherent oxygen } 1^b \longrightarrow CO \tag{3-2}$$

途径 2:

$$\text{Surface oxides } 2^a \longrightarrow CO_2 \tag{3-3}$$

$$\text{Surface oxides } 2^b \longrightarrow CO \tag{3-4}$$

如果煤低温氧化过程中 CO_2 和 CO 释放过程可以用上面两个途径来描述,那么在途径 1 中煤内在含氧化合物热分解释放的 CO_2 和 CO 量应该仅与煤样质量有关;相应地,对于途径 2,由于氧化反应生成的表面氧化物分解释放的 CO_2 和 CO 量应该仅与氧气消耗量(O_2)有关。煤种特性是决定这两个途径的主要因素。

煤低温氧化过程中 CO_2 和 CO 释放过程应该包含上面的两个途径,而在惰性气氛下 CO_2 和 CO 释放应该仅是通过途径 1。尽管在煤样制备及存储过程中难免有表面氧化物的生成,在热分解过程中会释放 CO_2 和 CO,但是在空气气氛下与在惰性气氛下 CO_2 和 CO 释放量的差值,应该仅归属于途径 2 释放的 CO_2 和 CO。

在 100 ℃和 150 ℃条件下,由途径 2 释放的 CO_2 和 CO 量分别如表 3-11 和表 3-12 所示。为了反映在途径 2 中 CO_2 和 CO 释放量与氧气消耗量的关系,分别对 CO_2 和 CO 释放量进行规范化,即为消耗单位体积氧气所生成的 CO_2 或 CO 量,记为 $\Delta CO_2/O_2$ 或者 $\Delta CO/O_2$,其计算结果也显示于表 3-11 和表 3-12 中。可以看出,这三种煤的 $\Delta CO/O_2$ 基本不随煤样质量的增加而变化。在 100 ℃时,XM 煤、SD 煤和 ZZ 煤的 $\Delta CO/O_2$ 平均值分别约为 0.021、0.025 和 0.029;在 150 ℃时,分别约为 0.034、0.045 和 0.052。这些数据表明 $\Delta CO/O_2$ 与煤种相关,随着煤化程度的增加,CO 释放量呈现出增加的趋势。并且随着氧化温度的升高,消耗单位体积的 O_2 会释放更多的 CO,相应地不同煤种之间的 $\Delta CO/O_2$ 差别变大,煤种特性的影响更加明显。

在 100 ℃时,XM 煤、SD 煤和 ZZ 煤的 $\Delta CO_2/O_2$ 平均值分别约为 1.34、0.47 和 0.20;在 150 ℃时,分别约为 1.69、0.64 和 0.29。这些数据表明,$\Delta CO_2/O_2$ 与煤种特性负相关,即随着煤化程度增加 CO_2 释放量呈现出降低的趋势。并且在较低温度,例如 100 ℃时,这三种煤 $\Delta CO_2/O_2$ 差别就很明显。同时这些数据显示,XM 煤的 $\Delta CO_2/O_2$ 比值都大于 1,这表明煤与氧气的氧化过程不仅氧化煤分子结构中的含脂肪族 C—H 的活性组分,而且会与煤中内在的含氧官能团反应释放 CO_2。

表 3-11　　煤样质量对煤 100 ℃时与氧气氧化反应释放的 CO_2 和 CO 的影响

煤种	煤样质量/g	气体分析				
		ΔCO_2/mL	ΔCO/mL	ΔO_2/mL	$\Delta CO_2/O_2$	$\Delta CO/O_2$
ZZ 煤	0.5	0.98	0.12	4.63	0.21	0.026
	1.0	1.41	0.20	9.36	0.15	0.022
	2.5	2.23	0.28	9.12	0.24	0.031
	5.0	1.68	0.31	8.40	0.20	0.037
SD 煤	0.5	2.78	0.18	7.88	0.35	0.023
	1.0	3.57	0.21	8.78	0.41	0.023
	2.5	4.93	0.25	9.72	0.51	0.026
	5.0	5.88	0.29	9.89	0.59	0.029
XM 煤	0.5	10.85	0.20	8.26	1.31	0.024
	1.0	11.04	0.20	9.16	1.21	0.022
	2.5	10.38	0.17	9.22	1.13	0.018
	5.0	14.65	0.16	8.64	1.70	0.018

表 3-12　　煤样质量对煤 150 ℃时与氧气氧化反应释放的 CO_2 和 CO 的影响

煤样		气体分析				
煤种	质量/g	ΔCO_2/mL	ΔCO/mL	ΔO_2/mL	$\Delta CO_2/\Delta O_2$	$\Delta CO/O_2$
XM 煤	0.5	15.73	0.33	8.67	1.81	0.038
	1.0	16.16	0.32	9.61	1.68	0.034
	2.5	15.02	0.31	9.68	1.55	0.032
	5.0	15.67	0.28	9.07	1.73	0.031
SD 煤	0.5	4.32	0.34	8.63	0.50	0.039
	1.0	5.11	0.40	8.79	0.58	0.045
	2.5	6.78	0.44	9.32	0.73	0.048
	5.0	7.62	0.49	9.98	0.76	0.049
ZZ 煤	0.5	1.56	0.24	4.86	0.32	0.049
	1.0	2.25	0.40	9.83	0.23	0.040
	2.5	3.54	0.54	9.58	0.37	0.056
	5.0	2.08	0.55	8.82	0.24	0.062

根据研究结果的分析可以推断，途径 2 中最有可能分解为 CO_2 的前驱体为羧酸类物质，其反应可表示为：

$$\text{H-O-C(=O)-}\overset{|}{\underset{|}{\text{C}}}\text{-} \longrightarrow CO_2 + \text{-}\overset{\text{H}}{\underset{|}{\text{C}}}\text{-}$$

途径 2 中最有可能分解为 CO 的前驱体为羰基类物质，其反应可表示为：

$$-\overset{|}{C}-\overset{\displaystyle O}{\underset{|}{C}}-\overset{|}{\underset{|}{C}}- \longrightarrow CO + -\overset{|}{C}-\overset{|}{\underset{|}{C}}-$$

同时对比可以发现，三种煤通过途径 2 过程释放的 CO_2 量至少比 CO 多一个数量级，这表明在低温氧化过程中煤大分子结构表面生成 CO_2 的前驱体 2^a 含量远大于生成 CO 前驱体 2^b 的含量。

表 3-13 显示的是在 100 ℃温度下，三种煤在 Ar 气氛下的 CO_2 和 CO 释放量与煤样质量及煤中氧含量的关系。表 3-13 显示，XM 煤、SD 煤和 ZZ 煤的氧含量分别为 24.96%、15.94%和 10.71%，这与煤变质程度密切相关。假设在 Ar 气氛下 CO_2 和 CO 仅通过途径 1 释放，那么单位质量煤样释放的 CO_2 和 CO 量应该与煤变质程度相关。从表 3-13 可以看出，经过标准化后的 CO_2 释放量（CO_2/coal）随着煤中氧含量的增加而增大；然而经过基准化后的 CO 释放量（CO/coal）表现出与煤变质程度的负相关，即基准化后的 CO 释放量随着煤中氧含量的增加而降低。这说明 CO_2 和 CO 释放与煤中氧含量无关，而与煤中内在含氧官能团存在形式相关，即内在含氧官能团更倾向于释放 CO_2，特别是变质程度低的煤种。

表 3-13　煤样质量对内在含氧官能团 100 ℃时热分解释放的 CO_2 和 CO 的影响

煤样			气体分析			
煤种	质量/g	O 含量/wt%	CO_2/mL	CO/×10 mL	CO_2/coal/(mL/g)	CO/coal/(mL/g)
ZZ 煤	0.5	10.71	0.24	0.38	0.48	0.08
	1.0	10.71	0.42	0.46	0.42	0.05
	2.5	10.71	0.63	0.63	0.25	0.03
	5.0	10.71	0.82	1.32	0.16	0.03
SD 煤	0.5	15.94	0.75	0.43	1.50	0.09
	1.0	15.94	1.69	0.58	1.69	0.06
	2.5	15.94	4.13	0.83	1.65	0.03
	5.0	15.94	9.99	1.72	2.00	0.03
XM 煤	0.5	24.96	2.15	0.10	4.30	0.02
	1.0	24.96	3.21	0.15	3.21	0.02
	2.5	24.96	8.22	0.55	3.29	0.02
	5.0	24.96	14.85	0.70	2.97	0.01

3.5 气相产物生成的动力学特性

3.5.1 释放速率常数

煤低温氧化过程中 CO_2 和 CO 释放的动力学特性（生成速率及活化能）方面的研究可

以为揭示 CO_2 和 CO 释放机理提供理论依据。在恒定氧化温度下，通过连续检测得到的煤低温氧化过程中气相产物的释放量结果，可以计算 CO_2 和 CO 的生成速率。具体来说就是，利用最小二乘法对气体释放量随反应时间的变化进行线性拟合，所得直线的斜率即为 CO_2 和 CO 的释放速率。

从理论上讲，在某一特定温度下测得的 CO_2 和 CO 生成速率应该是一个恒定的值。但在本研究中，随着煤低温氧化反应过程的进行，煤大分子结构中活性位点数量和氧气浓度不断减少，当反应物浓度或者氧气浓度降低到一定值时，氧化反应速率就会受到抑制，从而降低 CO_2 和 CO 的释放速率。一般来说，在降低趋势出现之前的反应速率更能反映煤低温氧化的本征反应。因此，在计算 CO_2 和 CO 释放速率时，选择了反应拐点之前的数据。反应温度对反应拐点出现的时间有很大的影响。随着氧化温度的增加，达到反应拐点所需要的时间缩短。在本研究中，氧气浓度成为制约反应速率的最主要因素。因此，在反应拐点的选取以氧气浓度为依据。在本研究中，当氧化反应消耗的氧气量为反应器内初始氧气浓度的 20%时（即反应器内氧气浓度为 17%），即认为达到反应拐点[12]。依据释放气体浓度与反应时间的关系，得到的三种煤在各氧化温度下的反应速率常数如表 3-14 所示。

表 3-14　　三种煤在不同氧化温度下的反应速率常数

温度/℃	XM 煤/[mol/(g·s)]		SD 煤/[mol/(g·s)]		ZZ 煤/[mol/(g·s)]	
	CO_2	CO	CO_2	CO	CO_2	CO
60	7.35×10^{-10}	6.45×10^{-11}	6.45×10^{-10}	6.92×10^{-11}	4.87×10^{-10}	8.37×10^{-11}
80	1.46×10^{-9}	1.37×10^{-10}	1.33×10^{-9}	1.66×10^{-10}	1.02×10^{-9}	1.69×10^{-10}
100	7.19×10^{-9}	4.69×10^{-10}	5.95×10^{-9}	6.69×10^{-10}	3.99×10^{-9}	8.69×10^{-10}
125	4.93×10^{-8}	2.53×10^{-9}	3.53×10^{-8}	3.27×10^{-9}	2.19×10^{-8}	7.53×10^{-9}
150	2.05×10^{-7}	9.83×10^{-9}	1.35×10^{-7}	1.13×10^{-8}	9.85×10^{-8}	5.66×10^{-8}
175	2.59×10^{-6}	6.96×10^{-8}	9.85×10^{-7}	9.36×10^{-8}	5.85×10^{-7}	4.98×10^{-7}
200	9.79×10^{-6}	4.79×10^{-7}	6.79×10^{-6}	9.79×10^{-7}	5.39×10^{-6}	5.25×10^{-6}

从表 3-14 可以看出，CO_2 和 CO 的释放速率随着氧化温度的增加，表现出如下的规律：

（1）在煤低温氧化过程中，三种煤的 CO_2 和 CO 释放速率常数都很小。例如，在 60 ℃时，CO_2 最大释放速率为 7.35×10^{-10} mol/(g·s)，CO 最大释放速率为 8.37×10^{-11} mol/(g·s)；当温度到达 150 ℃时，CO_2 释放速率数量级为 10^{-7}，CO 释放速率数量级为 10^{-8}。

（2）氧化温度从 60 ℃增加至 200 ℃，CO_2 和 CO 释放速率都呈现出数量级的增大。例如，XM 煤 CO_2 释放速率从 7.35×10^{-10} mol/(g·s)增加到 9.79×10^{-6} mol/(g·s)，释放速率增加 10^4 倍；同时 XM 煤 CO 释放速率从 6.45×10^{-11} mol/(g·s)增加到 4.79×10^{-7} mol/(g·s)，释放速率也近似增加 10^4 倍；另外两种煤也表现出相类似的规律。

（3）生成 CO_2 和 CO 的前驱体不同。对比 CO_2 和 CO 释放速率可以发现，在各个温度下，CO_2 释放速率几乎比 CO 多一个数量级，这与前面发现的 CO_2 释放量比 CO 多一个数量级相一致。这说明在煤分子结构中，生成 CO_2 前驱体的数量远大于生成 CO 前驱体的数量。

(4) CO_2 和 CO 释放速率与煤种特性相关。通过对比可以发现，三种煤 CO_2 释放速率以 XM 煤为最大，以 ZZ 煤为最小；CO 释放速率以 ZZ 煤为最大，XM 煤为最小。这与三种煤 CO_2 和 CO 释放量的大小顺序相一致，表现出明显的煤种相关性。

(5) 氧化温度对 CO_2 和 CO 释放速率具有重要作用。随着氧化温度的升高，不仅 CO_2 和 CO 释放速率迅速增加，而且三种煤的气相产物释放速率差距也变大。这说明，随着氧化温度的增加，煤氧化过程中产生的稳定氧化物会随之不稳定而发生分解反应，表现为反应活性官能团的增加；另一方面，随着氧化温度的增加，CO_2 和 CO 的前驱体都在增加，其中 CO_2 前驱体增加的速率较快，同时在此过程中煤种特性起到很大作用，不同煤种 CO_2 和 CO 的前驱体增加量是不同的，从而引起反应速率及释放量的差别。

(6) 三种煤 CO_2 和 CO 释放速率的变化分别受到其生成途径的影响。

3.5.2 生成活化能

以 XM 煤、SD 煤和 ZZ 煤氧化过程中的 CO_2 和 CO 释放速率常数的对数分别对 $1/T$ 作图，得到图 3-5 显示的结果。

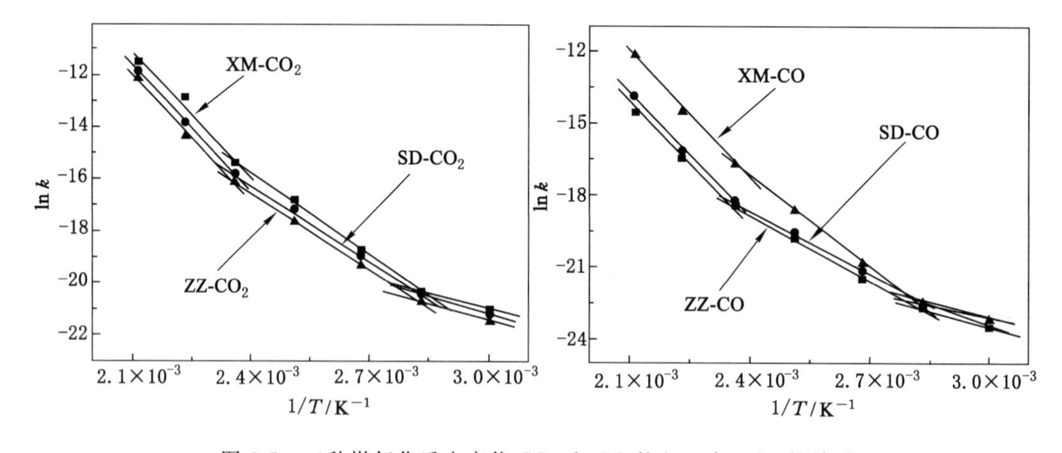

图 3-5 三种煤氧化反应产物 CO_2 和 CO 的 $\ln k$ 与 $1/T$ 的关系

从图 3-5 可以看出，CO_2 和 CO 释放速率的 Arrhenius 函数方程不是一条直线，而是由三条不同的线性片段组成，这表明 CO_2 和 CO 释放过程可以用三个分段函数来描述。这种现象与其他研究人员的研究结果相类似[9,17,18]。例如：Wang 等[9]在 50～90 ℃温度范围内研究 CO_2 和 CO 生成规律时，发现 70 ℃为 CO_2/CO 转折温度点。分段规律表明在煤氧化过程中 CO_2 或 CO 生成机制不是一成不变的，随着氧化温度的增加，CO_2 和 CO 释放受不同反应机制的控制。通过直线斜率计算得到的 CO_2 和 CO 在各个阶段的活化能如表 3-15 所示。需要说明的是，表 3-15 所示的活化能均为表观活化能。这一方面是由于煤的氧化反应属于气固反应，也是非均相反应；另一方面是由于在煤低温氧化过程中 CO_2 和 CO 的释放包含几个连续的步骤，而不是只有一个步骤；并且 CO_2 和 CO 的释放途径是多样的。例如，前述的两种途径中，内在含氧官能团热分解途径释放气相产物的活化能明显不同于煤与氧气反应过程的活化能。因此如表 3-15 所示的活化能为这两个途径的综合结果。

表 3-15 CO_2 和 CO 释放过程中三个阶段的活化能

阶段	XM 煤的 E_a/(kJ/mol)		SD 煤的 E_a/(kJ/mol)		ZZ 煤的 E_a/(kJ/mol)	
	CO_2	CO	CO_2	CO	CO_2	CO
第一阶段	33.46	36.73	35.28	42.84	36.03	48.72
第二阶段	88.66	76.72	82.76	75.29	81.50	103.59
第三阶段	129.26	128.33	130.24	148.26	132.79	150.57

CO_2 和 CO 的释放过程既受到前驱体来源的控制，又受到前驱体浓度的影响，因而造成不同煤种 CO_2和 CO 释放活化能的差异性。对比 CO_2 和 CO 生成活化能的结果，可得出如下规律：

(1) 随着煤氧化反应温度的升高，CO_2 和 CO 生成活化能都表现出增大的趋势。这表明随着氧化过程中生成的 CO_2 和 CO 前驱体化合物稳定性增大，分解所需要的能量增加。反应速率常数增加、中间络合物数量的增多，表明活化能大小与中间络合物数量之间存在协同效应。

(2) 总体上来说，CO 活化能高于 CO_2 活化能，这表明分解 CO 前驱体所需能量大于 CO_2，即生成 CO 的前驱体的稳定性相对较高。

(3) CO_2 释放活化能与煤种特性无关。三种煤在三个阶段的 CO_2 释放活化能相差不大，说明三种煤样的 CO_2 前驱体化合物基本相同。结合前述的 XM 煤 CO_2 释放以内在含氧官能团分解途径为主，而 SD 煤和 ZZ 煤 CO_2 释放以煤与氧气发生氧化反应途径为主的论述，说明这两个途径有可能涉及的中间体络合物基本相同，例如羧酸等。

(4) CO 释放活化能表现出与煤种的相关性。随着煤变质程度的增加，而呈现出明显增大的趋势。结合前述 XM 煤 CO 释放以煤与氧气发生氧化反应途径为主，而 ZZ 煤 CO 释放以内在含氧官能团分解途径为主，表明这两个途径有可能涉及不同的中间体络合物。另外，ZZ 煤 CO 释放活化能远大于 XM 煤，表明 ZZ 煤内在含氧官能团分解过程需要的能量大于 XM 煤与氧气发生氧化反应释放 CO 过程所需的能量。

(5) 在第一个阶段，SD 煤 CO 释放活化能值介于 XM 煤和 ZZ 煤之间，表明 SD 煤在该阶段 CO 释放受到两个途径的控制；在第二个阶段，SD 煤 CO 释放活化能与 XM 煤相接近，说明在该阶段 CO 释放主要以煤与氧气发生氧化反应的途径为主；而在第三个阶段，SD 煤 CO 释放活化能与 ZZ 煤相接近，表明 SD 煤在这个阶段的 CO 释放主要以内在含氧官能团分解途径为主。

(6) CO_2 和 CO 生成活化能的变化规律与中间络合物的存在形式有关，这将在后面的章节进行讨论。

3.6 本章小结

本章采用分批式反应器研究了煤恒温氧化过程中 CO_2 和 CO 释放的规律，同时考察了不同的因素(例如煤种特性、温度、煤样质量及煤样粒径)对 CO_2 和 CO 释放的影响，并在该研究工作的基础上对煤低温氧化过程中 CO_2 和 CO 释放途径及释放动力学特性进行探讨，得到以下主要结论：

(1) 煤低温氧化过程中生成 CO_2 和 CO 的前驱体为煤大分子结构中含氧的活性位点。这些含氧的活性位点可以分为两类：一类是煤结构中的内在含氧官能团，另一类为煤表面活性位点（例如亚甲基等）与氧反应生成的含氧官能团。这决定了煤低温氧化过程中释放的 CO_2 和 CO 来自两个途径：煤中内在含氧官能团热分解过程和煤中活性位点与氧气氧化反应过程。煤种特性是决定这两个途径的关键因素，温度对这两个释放途径也具有明显的影响。

(2) 变质程度较高的 ZZ 煤低温氧化过程中生成的 CO_2 主要来自于煤与氧气发生的氧化反应，而不是煤大分子结构中的含氧官能团的热分解反应。对于变质程度较低的 XM 煤，其 CO_2 生成主要来自于煤大分子结构中的含氧官能团的热分解过程。

(3) XM 煤氧化过程中 CO 的释放主要来自于煤与氧气的氧化反应过程，而不是原煤中赋存的含氧化合物的热分解。对于 ZZ 煤，其氧化过程中 CO 主要来自于煤内在的含氧官能团的热分解反应。

(4) 变质程度较低的 XM 煤，其内在含氧化官能团分解更倾向于产生 CO_2；而变质程度较高 ZZ 煤，内在含氧官能团分解更倾向于 CO 的形成。

(5) 在煤自燃过程中，CO_2 和 CO 的释放可以用三个分段函数来描述，表明随着氧化温度的增加，CO_2 和 CO 释放受不同的反应机制控制。整体来说，CO 活化能高于 CO_2，这表明分解 CO 前驱体所需能量大于 CO_2，即可形成 CO 的前驱体的稳定性较高。

(6) CO_2 释放活化能与煤种特性无关，这表明生成 CO_2 的两个途径中可能涉及的中间体络合物基本相同；CO 释放活化能表现出与煤种的相关性，这说明释放 CO 的两个途径有可能涉及不同的中间体络合物。

参考文献

[1] 许延辉，许满贵，徐精彩. 煤自燃火灾指标气体预测预报的几个关键问题探讨[J]. 矿业安全与环保，2005，32(1)：16-18.

[2] 寇砾文，蒋曙光，王兰云，等. 煤自燃指标气体产生规律及影响因素分析[J]. 矿业研究与开发，2012，32(2)：67-70.

[3] 马汉鹏，陆伟，王宝德. 煤自燃过程指标气体产生规律的系统研究[J]. 矿业安全与环保，2007，36(4)：4-9.

[4] YUAN L，SMITH A C. CO and CO_2 emissions from spontaneous heating of coal under different ventilation rates[J]. International Journal of Coal Geology，2011，88：24-30.

[5] YUAN L，SMITH A C. Experimental study on CO and CO_2 emissions from spontaneous heating of coals at varying temperatures and O_2 concentrations [J]. Journal of Loss Prevention in the Process Industries，2013，26(6)：1321-1327.

[6] 张玉龙，王俊峰，王涌宇，等. 环境条件对煤自燃复合指标气体分析的影响[J].中国煤炭，2013，39(9)：82-86.

[7] 胡新成，杨胜强，周秀红. 煤层自然发火指标气体研究[J]. 煤炭技术，2012，31(5)：94-96.
[8] SINGH A K，SINGH R V K，SINGH M P，et al. Mine fire gas indices and their application to Indian underground coal mine fire[J]. International Journal of Coal Geology，2007，69：192-204.
[9] WANG H，DLUGOGORSKI B Z，KENNEDY E M. Pathways for production of CO_2 and CO in low-temperature oxidation of coal[J]. Energy Fuels，2003，17：150-158.
[10] BARIS K，KIZGUT S，DIDARI V. Low-temperature oxidation of some Turkish coals [J]. Fuel，2012，93：423-432.
[11] GREEN U，AIZENSIITAT Z，HOWER J C，ct al. Modes of formation of carbon oxides (CO_x(x=1，2))from coals during atmospheric storage：Part 1：effect of coal rank[J]. Energy Fuels，2010，24：6366-6374.
[12] GREEN U，AIZENSHTAT Z，HOWER J C，et al. Modes of formation of carbon oxides (CO_x(x=1，2))from coals during atmospheric storage：Part 2：effect of coal rank on the kinetics[J]. Energy Fuels，2011，25：5625-5631.
[13] WANG H，DLUGOGORSKI B Z，KENNEDY E M. Coal oxidation at low temperatures：oxygen consumption，oxidation products，reaction mechanism and kinetic mo delling[J]. Progress in Energy and Combustion Science，2003，29：487-513.
[14] BROWN T C，HAYNES B S. Interaction of carbon monoxide with carbon and carbon surface oxides[J]. Energy Fuels，1992，6(2)：154-159.
[15] GROSSMAN S L，WEGENER I，WANZI W，et al. Molecular hydrogen evolution as a consequence of atmospheric oxidation of coal：3. Thermogravimetric flow reactor studies[J]. Fuel，1994，73：762-767.
[16] SUJANTI W，ZHANG D K. A laboratory study of spontaneous combustion of coal：the influence of inorganic matter and reactor size[J]. Fuel，1999，78：549-556.
[17] 许涛. 煤自燃过程分段特性及机理的实验研究[D]. 徐州：中国矿业大学，2012.
[18] TARABA B，MICHALEC Z，MICHALCOVÁ V，et al. CFD simulations of the effect of wind on the spontaneous heating of coal stockpiles[J]. Fuel，2014，118：107-112.

CHAPTER 4

煤低温氧化过程中的质量及热量变化

质量和热量的变化也是煤低温氧化过程典型的宏观特征。在氧化条件下，煤中活性组分会与氧气发生物理和化学吸附，从而使煤体质量呈现出缓慢增加的趋势，这是煤低温氧化阶段所形成的独特现象[1-3]。然而，有关煤样增重的规律及其机理探讨的研究相对较少，目前主要是基于 TG 分析技术对煤低温氧化过程的质量变化进行研究，但尚处于初级阶段。大部分研究更倾向于利用 TG 分析技术寻找煤自燃过程特征温度点，利用特征温度点对煤自燃过程进行阶段划分[4-6]，在公开的文献中也只有关于此表面现象的报道[7]。

由于煤氧化过程中释放热量，当产热速率大于散热速率时，将会引起煤的自热乃至自燃。煤与氧气的氧化在自燃过程中不同阶段的放热量不同，这是利用煤自燃理论研究煤自燃过程的基础参数。DSC 热分析技术可用于测量煤氧化过程中热量的变化（热焓），因此从定量分析角度来看，DSC 分析结果可较为准确研究煤低温氧化放热特性。然而，目前在煤的氧化特性研究中 DSC 分析技术的应用主要集中在煤的燃烧特性上[8]，将该分析技术用在煤的低温氧化和自燃过程的放热特性研究较少。仲晓星[9]利用 TG-DSC 联用分析技术研究煤自燃过程放热速率及放热量；潘乐书等[10]也利用热分析曲线进行煤低温氧化中活化能的计算。余明高等[11]对比热解和氧化过程的动力学特性，得出煤种热解和氧化关系。

事实上，煤的低温氧化过程涉及一系列的物理化学过程和许多平行反应[1]，其中比较直观的是煤与氧气的氧化反应和煤的水分挥发以及热分解过程。从热量角度考虑，煤与氧气的氧化反应是典型的放热反应，而煤的水分挥发以及热分解过程是典型的吸热过程。在煤氧化过程中，这两个反应平行存在，并且共同决定着煤自热过程热量的聚集。从煤样质量变化来看，煤与氧气的氧化反应中含氧络合物的生成是一个质量增加的过程，而煤的水分挥发以及含氧中间络合物热分解过程是质量降低的过程。而目前大多数的研究者在研究煤低温氧化放热特性时，把这两个过程看成一个整体，得出的热量（质量）变化更是一个综合的结果[8-10]。在这两个过程中，我们可能更关心的是煤与氧气的氧化反应所引起的热量及质量的变化，毕竟这个过程是煤自热乃至自燃过程热量的根源。然而，对于较易自燃的低阶煤，例如褐煤和次烟煤等，其煤体内含有大量的水分以及在煤低温氧化阶段较容易发生热分解反应，在利用热分析技术（TG 和 DSC）研究煤与氧气的氧化反应放热特性时，更容易受到平行过程的影响，因而得到的是一个总包热量（质量）效果，因此寻找最本质的煤与氧气的本征氧化反应变得困难。同时在利用热分析技术研究煤的氧化放热特性时，也容易受到操作条件的影响，例如温升速率、煤样质量以及氧气浓度等因素。并且煤与氧气氧化反应的放热特性（质量变化）与煤的特性有密切相关。基于以上分析以及目前所面临的问题，本研究旨在寻找最本质的煤与氧气的氧化反应本征放热特性（质量变化）以及最佳的测试操作条件。在氮气气氛下，煤的低温转化主要涉及的是脱水过程以及内在官能团的热分解过程。空气气氛与氮气气氛的差减，相当于排除了脱水过程以及内在官能团热分解过程的影响，得到的结果可能更接近于煤与氧气的本征氧化反应。在此基础上，研究煤与氧气氧化反应动力学特性及放热特性（质量变化），其结果能反映在低温氧化过程中的煤种放热特性（质量变化），更准确地判断煤自燃倾向性，为进行煤炭自燃特性预测提供理论依据。

4.1 热分析技术描述煤低温氧化的理论及方法

4.1.1 基于 TG 曲线的氧化热解动力学分析

由于煤低温氧化反应的复杂性，因而使用 TG 分析结果描述煤热转化过程的模型多种多样。本书用一级反应模型来描述煤的低温氧化反应。假设煤的氧化速率等同于煤样质量变化速率。质量变化速率与质量的关系可以用下式表示[12]：

$$\frac{\mathrm{d}a}{\mathrm{d}T}=\frac{A}{\beta}\mathrm{e}^{-\frac{E}{RT}}(1-a) \tag{4-1}$$

式中 A——指前因子，min^{-1}；

R——气体普适常数，J/(mol·K)；

β——升温速率，K/min，$\beta=\mathrm{d}T/\mathrm{d}t$（$t$ 为反应时间，s）；

E——活化能，J/mol；

T——绝对温度，K。

a 为煤样反应的转化率，%。其可以通过 TG 曲线得到：

$$a=\frac{w_0-w}{w_0-w_\infty} \tag{4-2}$$

式中 w_0——煤样的起始质量，g；

w_∞——氧化完成后煤样的剩余质量，g；

w——任意 t 时刻样品的剩余质量，g。

采用 Doyle 积分法对式(4-1)积分并作近似处理最终得到下式[13]：

$$\ln(-\ln(1-a))=\ln\left(\frac{AE}{\beta R}\right)-5.314-0.127\ 8\frac{E}{T} \tag{4-3}$$

将式中左边对 $1/T$ 作图，可得一直线，通过直线的斜率和截距可以分别求得煤低温氧化反应质量变化的活化能 E 及指前因子 A。

4.1.2 基于 DSC 曲线的氧化热解动力学分析

依据 DSC 曲线进行动力学分析的前提是反应进行的程度与反应放出或吸收的热成正

比，即与 DSC 曲线下的面积成正比，如图 4-1 所示。

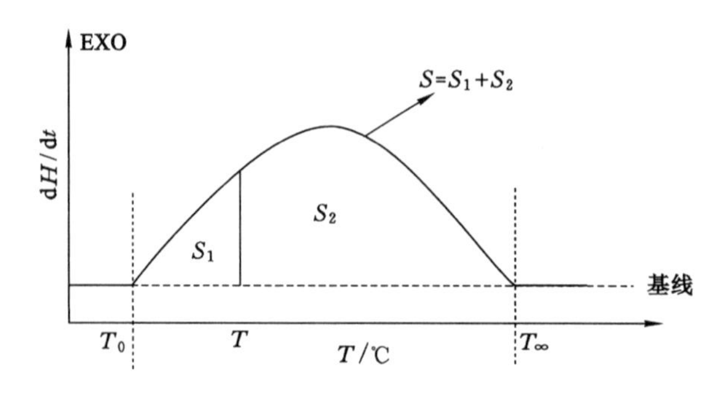

图 4-1　典型的 DSC 曲线

反应转化率可通过式(4-4)求得[14]：

$$a=\frac{H}{H_{\mathrm{T}}}=\frac{S_1}{S} \tag{4-4}$$

式中　H——温度为 T 时的反应热，为图 4-1 中的 S_1；

H_{T}——反应的总热焓，为图 4-1 中的 S，即为 DSC 曲线下的总面积。

依据化学反应动力学原理，煤反应速率可表示为：

$$\frac{\mathrm{d}a}{\mathrm{d}T}=k(T)\times f(a)=A\exp\left(\frac{-E}{RT}\right)\times f(a) \tag{4-5}$$

依据 DSC 曲线，热量转化率可以表示为：

$$\frac{\mathrm{d}a}{\mathrm{d}T}=\frac{\mathrm{d}H}{\mathrm{d}t}\times\frac{1}{H_{\mathrm{T}}} \tag{4-6}$$

式中，H_{T} 代表反应过程总热焓，相应地$\frac{\mathrm{d}H}{\mathrm{d}t}$代表某一时刻的热流率。

结合式(4-5)和式(4-6)可以得出：

$$\frac{\mathrm{d}H}{\mathrm{d}t}\times\frac{1}{H_{\mathrm{T}}}=k(T)\times f(a)=A\exp\left(\frac{-E}{RT}\right)\times f(a) \tag{4-7}$$

式中，$f(a)$为煤低温氧化机理函数，可假设 $f(a)=(1-a)^n$，同时对式(4-7)两边取对数：

$$\ln\left(\frac{\mathrm{d}H}{\mathrm{d}t}\times\frac{1}{H_{\mathrm{T}}}\right)-n\ln(1-a)=\ln k=\ln A-\frac{E}{RT} \tag{4-8}$$

将 $a=\frac{H}{H_{\mathrm{T}}}$代入式(4-8)可得：

$$\ln\left(\frac{\mathrm{d}H}{\mathrm{d}t}\times\frac{1}{H_{\mathrm{T}}}\right)-n\ln\left(\frac{H_{\mathrm{T}}-H}{H_{\mathrm{T}}}\right)=\ln k=\ln A-\frac{E}{RT} \tag{4-9}$$

一般来说，煤的氧化过程反应级数 n 在 1～2 之间。当反应级数 n(0～2)取一定的值时，$\ln k$ 对 $1/T$ 作图为一条直线，直线斜率为$-E/R$，截距为 $\ln A$。

4.2 煤程序升温氧化的质量变化

4.2.1 煤低温氧化过程质量变化的描述

以 SD 煤为例，描述煤低温氧化过程质量的变化规律。图 4-2 所示的是 10 mg SD 煤以 1 K/min 升温速率分别在空气气氛（TG-air）、氮气气氛（TG-N_2）下的质量变化曲线，同时二者的差减谱图（TG-subtr.）和三种类型 TG 曲线的 DTG 结果也显示在图 4-2 中。

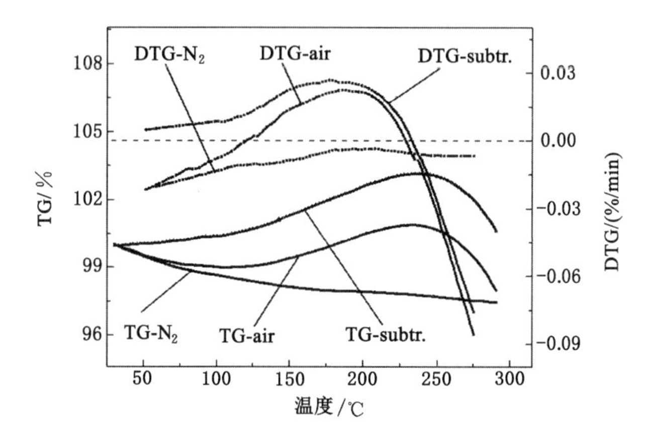

图 4-2　在不同气氛下程序升温过程中煤样质量变化曲线

从 SD 煤的 TG-air 曲线可以看出，煤的自燃过程包含三个阶段。第一阶段为 30～120 ℃的温度区间，煤样质量呈现出明显的降低，空气气氛的 DTG-air 曲线为负值，在这一阶段质量的降低主要是由水分挥发引起的[15]。第二阶段从 120 ℃到 230 ℃，煤样质量呈现出缓慢的增加，同时空气气氛的 DTG-air 曲线为正值，并且 DTG-air 曲线在 180 ℃呈现出最大值，这表明 SD 煤在 180 ℃时，质量增加速率最快，这一阶段质量的增加应源于氧化过程中煤对氧分子的化学吸附以及中间络合物的生成。第三个阶段为温度高于 230 ℃的区间，在这一阶段煤样质量呈现出迅速降低的趋势，因此第三个阶段被认为是煤的燃烧阶段，在这一阶段 DTG-air 曲线为负值，并且迅速降低。

从 SD 煤的 TG-N_2 曲线可以看出，在氮气气氛下煤样质量呈现出缓慢降低的趋势，并且 DTG-N_2 曲线为负值。同时 DTG-N_2 曲线显示出两个峰值，第一个峰值在 120 ℃左右，归属于煤中水分脱除峰；第二个峰值在 180 ℃左右，归属于煤中挥发分的析出以及不稳定化合物的分解；并且这两个峰值与 SD 煤的 TG-air 曲线特征温度点相一致。对比空气气氛和氮气气氛下的热重曲线，可以发现在 60 ℃时 TG-air 曲线就高于 TG-N_2 曲线，这表明煤低温氧化过程中，当温度达到 60 ℃时，煤体质量表现出增加趋势。这二者的不同则可归结于煤体与氧气发生氧化反应的结果。这种变化规律仅仅从 TG-air 或者 TG-N_2 曲线是看不到的，然而二者的差谱（TG-subtr.）可以明显地显示出由于煤体与氧气发生氧化反应所引起煤体质量的增加。

从 SD 煤的 TG-subtr.曲线可以看出，30～230 ℃范围内煤样质量呈现出增加的趋势，并且在不同阶段增加速率是一样的，同时 DTG-subtr.为正值。在温度低于 80 ℃时，煤样质量增加缓慢；到温度高于 150 ℃时，煤样质量呈现出迅速增加的趋势；当温度高于 230 ℃时，煤样质量呈现出迅速的降低，与空气气氛下的变化趋势相类似。这表明差减 TG 谱图能消除煤低温氧化过程中的水分脱除过程以及热分解过程所引起的质量变化，可以很好地反映煤低温氧化过程中由于煤与氧气氧化反应所引起的煤样质量增加，并且曲线变化规律与煤自燃过程相吻合，因此 TG-subtr.谱图被认为能比 TG-air 谱图更好地反映煤自燃本质。

4.2.2 影响因素分析

在实验研究中，煤低温氧化过程会受到各类操作条件的影响，例如升温速率、煤样质量以及氧气浓度等。这些因素会影响到煤体温度与加热介质的温差以及氧气和气相产物的扩散，从而影响煤低温氧化过程。对于普通的反应，这些影响因素有时是可以忽略的，然而对于缓慢的煤低温氧化过程，如前面所述，包含了多个平行竞争反应，这些因素对煤的氧化过程的影响不可忽略[15]。

4.2.2.1 升温速率的影响

升温速率对煤低温氧化过程中质量变化的影响如图 4-3 所示。图 4-3 显示的是 10 mg SD 煤分别在氮气气氛和空气气氛下分别在 1 K/min、2.5 K/min 以及 5 K/min 升温速率下的热重变化曲线以及它们的差谱曲线。从图 4-3 可以看出，升温速率对煤低温氧化脱水过程、热分解过程以及煤与氧气氧化反应过程都有明显的影响。

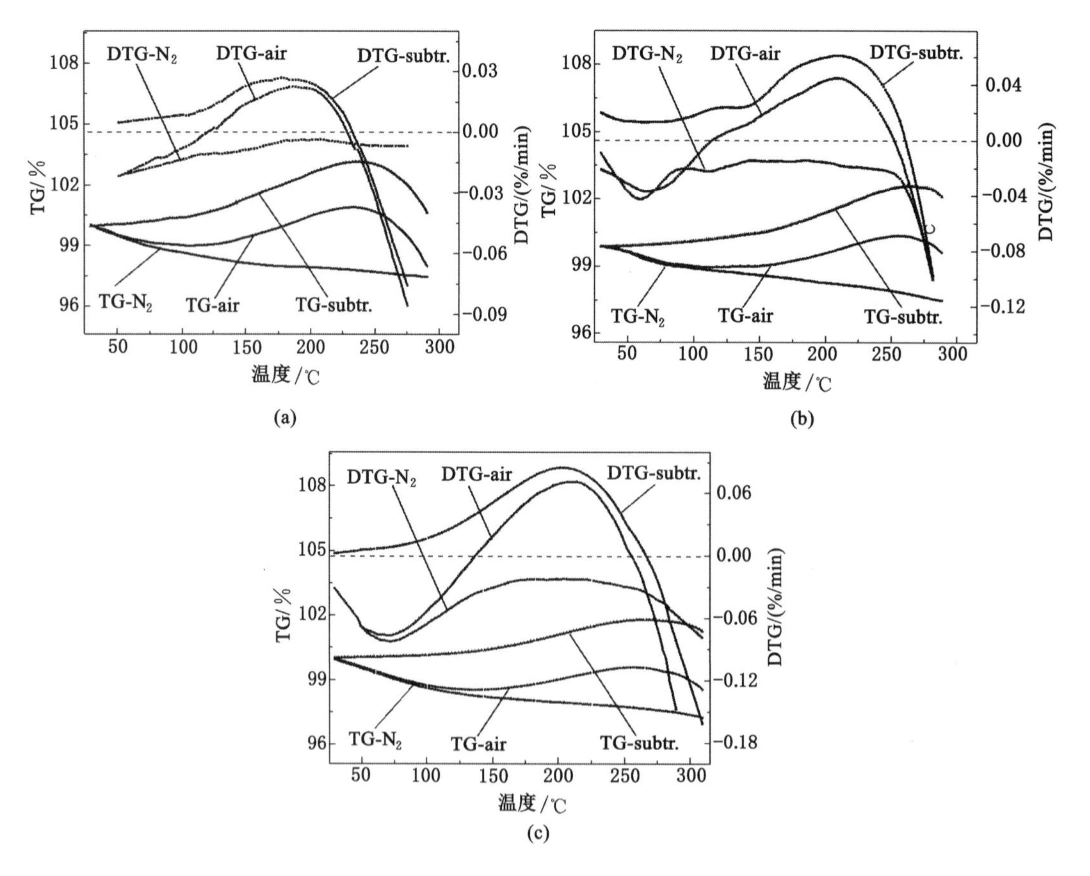

图 4-3 升温速率对煤低温氧化过程质量变化的影响

(a) 1 K/min；(b) 2.5 K/min；(c) 5 K/min

为了更好地表示实验条件对煤低温氧化过程的影响，定义两个温度特征参数 T_1 和 T_2，这两个参数在不同谱图下所指代意义是不同的。在空气气氛下，煤样质量最小值所对应的温度为 T_1，煤样质量最大值所对应的温度为 T_2，这两个特征温度点可分别通过 TG-air 曲线得到。在氮气气氛下，水分脱除速率最大值所对应的温度为 T_1，热分解速率最大值所对应的温度为 T_2，这两个特征温度点可分别通过 DTG-N_2 曲线极值得到。在差减谱图中，T_1 为煤样质量增加速率最大值，对应于 DTG-subtr.曲线的最大值；T_2 为煤样质量开始降低的温度点，对应于 DTG-subtr.曲线与水平轴的交点。不同升温速率下的各个谱图的特征温度点 T_1 和 T_2 分别显示在表 4-1 中。

表 4-1　　升温速率对煤低温氧化特征温度参数 T_1 和 T_2 的影响

升温速率/(K/min)	空气气氛		氮气气氛		空气气氛-氮气气氛	
	T_1/℃	T_2/℃	T_1/℃	T_2/℃	T_1/℃	T_2/℃
1.0	109.3	227.9	97.1	176.7	184.3	232.5
2.5	114.8	252.2	110.7	215.3	208.7	261.1
5.0	143.4	254.9	—	—	210.3	269.9

从表 4-1 可以看出，随着升温速率的增加，各个气氛下的特征温度点 T_1 和 T_2 都呈现出增加的趋势。例如，在空气气氛下，升温速率从 1 K/min 增加到 5 K/min，T_1 从 109.3 ℃增加到 143.4 ℃，煤样质量初始增加温度明显提高；相应地 T_2 从 227.9 ℃增加到 254. 9 ℃，煤氧化过程中产生的中间氧化物开始迅速分解的温度明显滞后。这些数据表明，在较高升温速率下，TG 曲线会向高温方向移动，产生滞后现象。可以看出，谱图中 T_1 和 T_2 特征温度点的增加，并不能表明真实温度的增加，这是由于煤样的温度是通过坩埚热传递到煤体的，因此在加热的炉子和煤体之间形成了温差，相应地煤样内部也形成温度梯度；当升温速率增加，这种温差也随之增大，曲线向高温方向推移[13,16,17]。

依据煤样质量随氧化温度变化的规律，可将煤低温氧化过程分为几个阶段。在氮气气氛下，分为脱水阶段(30～110 ℃)和热解阶段(110～230 ℃)；在空气气氛下，分为脱水阶段(30～110 ℃)、加速氧化阶段(110～150 ℃)和快速氧化阶段(150～230 ℃)。升温速率对煤低温氧化过程各个阶段活化能的影响显示在表 4-2 中。

表 4-2　　升温速率对各个过程活化能的影响

升温速率/(K/min)	空气气氛 E_a/(kJ/mol)			氮气气氛 E_a/(kJ/mol)		空气气氛-氮气气氛 E_a/(kJ/mol)		
	脱水阶段	加速氧化阶段	快速氧化阶段	脱水阶段	热解阶段	缓慢氧化阶段	加速氧化阶段	快速氧化阶段
1.0	40.55	77.83	95.82	26.88	36.08	32.16	48.68	78.75
2.5	41.77	83.15	103.48	39.6	48.79	27.34	49.07	75.16
5.0	42.32	—	110.11	41.51	45.15	32.06	49.69	80.88

随着升温速率的增加，煤低温氧化过程中的脱水阶段以及热解阶段的活化能明显增加，同时空气气氛下的快速氧化阶段和加速氧化阶段活化能也显著提高。例如，在 5 K/min 升

温速率下，在空气气氛下的煤样初始增重温度接近 150 ℃左右，无法计算加速氧化阶段活化能。然而，通过差减谱图计算得到的煤与氧气氧化反应三个阶段的活化能表现出轻微的增加。这表明通过差谱曲线计算得到的活化能能显著地消除由升温速率所带来的实验误差。以上研究表明，在研究煤低温氧化过程时，应选择较低的升温速率，可以避免由实验升温速率所带来的计算误差。选择较低的升温速率，也是由煤低温氧化反应本质特性所决定的，这是由于煤的低温氧化及自燃过程是一个缓慢的过程，较低的温升速率更符合煤自燃过程。同时以上研究结果表明，通过空气气氛与氮气气氛差谱曲线计算煤自燃过程活化能，不仅能反映煤与氧气反应的本征活化能，而且能很好地消除温升速率所带来的实验误差。

4.2.2.2 煤样质量的影响

基于上面的研究结果，在研究煤样质量对煤低温氧化过程影响时选择煤体升温速率为 1 K/min。图 4-4 显示的是 10 mg、20 mg 和 30 mg SD 煤分别在空气气氛及氮气气氛下(1 K/min 升温速率)的热重谱图以及它们的差减谱图。

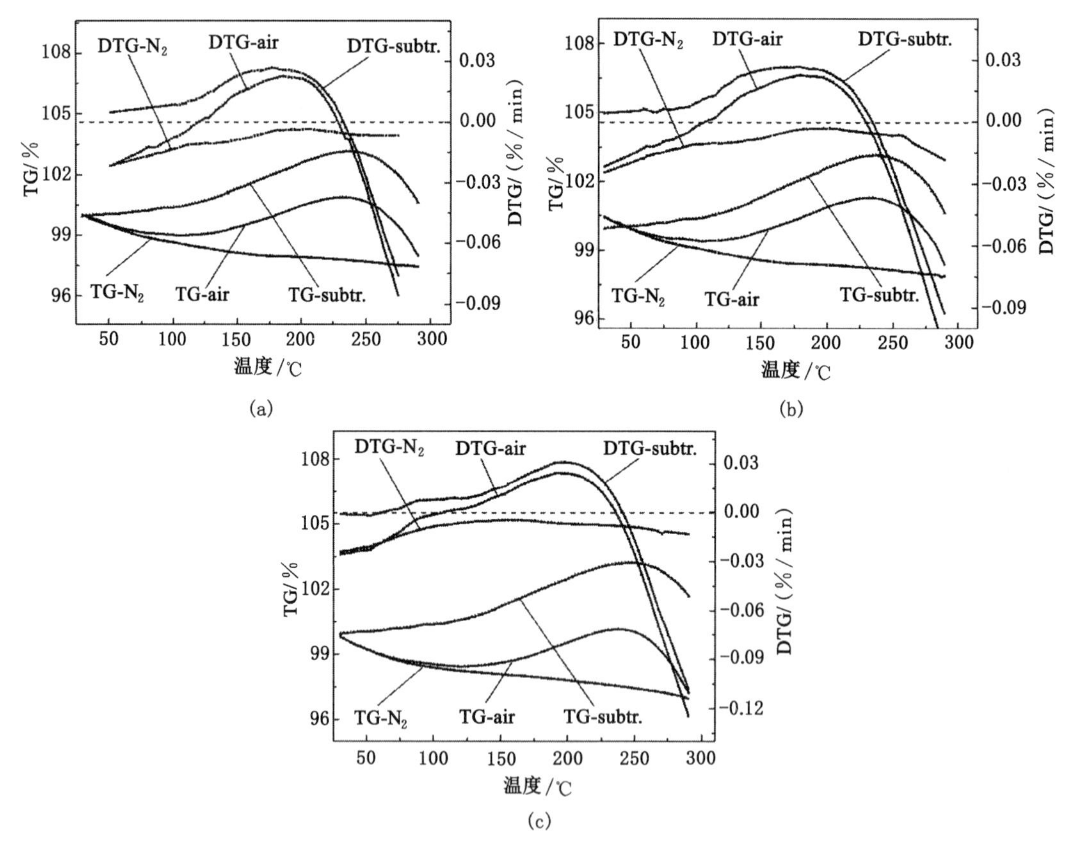

图 4-4 煤样质量对煤低温氧化过程质量变化的影响

(a) 10 mg;(b) 20 mg;(c) 30 mg

煤样质量对煤低温氧化过程中各个谱图特征温度点的影响如表 4-3 所示。从表 4-3 可以看出，煤样质量对煤低温氧化过程中脱水阶段以及热分解阶段特征温度点有一定的影响。例如在氮气气氛下，随着煤样质量的增加，T_1 从 97.1 ℃增加到 102.6 ℃，T_2 从 176.7 ℃增加到 186.3 ℃。同样，空气气氛下煤样最大质量温度点 T_2 也随着煤样质量增加而增加。同时从表 4-3 可以看出，煤样质量对差减谱图几乎没有影响，在不同煤样质量条件下，差减谱图的特征温度点 T_1 和 T_2 的平均值分别约为 184.6 ℃和 233.8 ℃。与升温速率相比较，煤样质量对煤低温氧化过程中特征温度点的影响较小。

表 4-3　　煤样质量对煤低温氧化特征温度参数 T_1 和 T_2 的影响

煤样质量/mg	空气气氛		氮气气氛		空气气氛-氮气气氛	
	T_1/℃	T_2/℃	T_1/℃	T_2/℃	T_1/℃	T_2/℃
10	109.3	227.9	97.1	176.7	183.3	232.5
20	108.1	229.4	94.2	183.5	184.9	233.6
30	108.7	235.6	102.6	186.3	185.7	235.3

依据不同质量煤样低温氧化的热重实验结果所得各个反应过程中的活化能结果如表 4-4 所示。从表 4-4 可以看出，煤样质量除了对煤低温氧化过程热分解阶段有影响外，对其他过程，例如脱水过程以及煤与氧气氧化过程几乎没有影响。同时从表 4-4 还可以看出，随着煤样质量的增加，通过差减谱图计算得到的煤与氧气氧化反应三个阶段的活化能基本不变，三个阶段的平均值分别为 32.53 kJ/mol、48.28 kJ/mol 和 77.94 kJ/mol。这些结果表明通过差减谱图计算得到的活化能能很好地反映煤低温氧化过程中的煤与氧气的本征氧化反应。

表 4-4　　煤样质量对各个过程活化能的影响

煤样质量/mg	空气气氛 E_a/(kJ/mol)			氮气气氛 E_a/(kJ/mol)		空气气氛-氮气气氛 E_a/(kJ/mol)		
	脱水阶段	加速氧化阶段	快速氧化阶段	脱水阶段	热解阶段	缓慢氧化阶段	加速氧化阶段	快速氧化阶段
10	40.55	77.83	95.82	26.88	36.08	32.16	48.68	78.75
20	45.06	80.33	98.59	26.87	42.97	32.79	49.12	77.08
30	42.11	80.96	98.59	27.95	46.31	32.65	47.04	77.98

4.2.2.3　氧气浓度的影响

氧气浓度也是影响煤低温氧化过程的重要因素。不同氧气浓度对煤低温氧化过程的影响如图 4-5 所示。从图 4-5 可以看出，氧气浓度对热重曲线特征温度点 T_1 基本上没有影响，都在 110 ℃左右；而氧气浓度对特征温度点 T_2，即质量最大值所对应的温度，具有明显的影响，氧气浓度为 12.5%、20.9%和 37.5%所对应的 T_2 分别为 246.0 ℃、228.5 ℃和 226.3 ℃。这表明随着氧气浓度增加，煤样达到最大质量所需要的温度会随之降低，并且当氧气浓度达到 20.9%时，已经有足够的氧气来维持煤的氧化反应，因而当氧气浓度继续增大到37.5%时，T_2 仅降低了 2 ℃左右。

依据不同氧气浓度下煤低温氧化的热重实验结果，所得各个阶段的活化能如表 4-5 所示。从表 4-5 可以看出，不同氧气浓度对煤低温氧化过程中脱水阶段的活化能基本上没有什么影响，而对氧化阶段的活化能具有明显的影响。随着氧气浓度的降低，氧化阶段的活化能表现出明显的增加，例如当氧气浓度从 20.9%降低到 12.5%，煤低温氧化快速氧化阶段的活化能从 95.82 kJ/mol 增加到 120.56 kJ/mol。从差减谱图计算的结果来看，不同氧气浓度

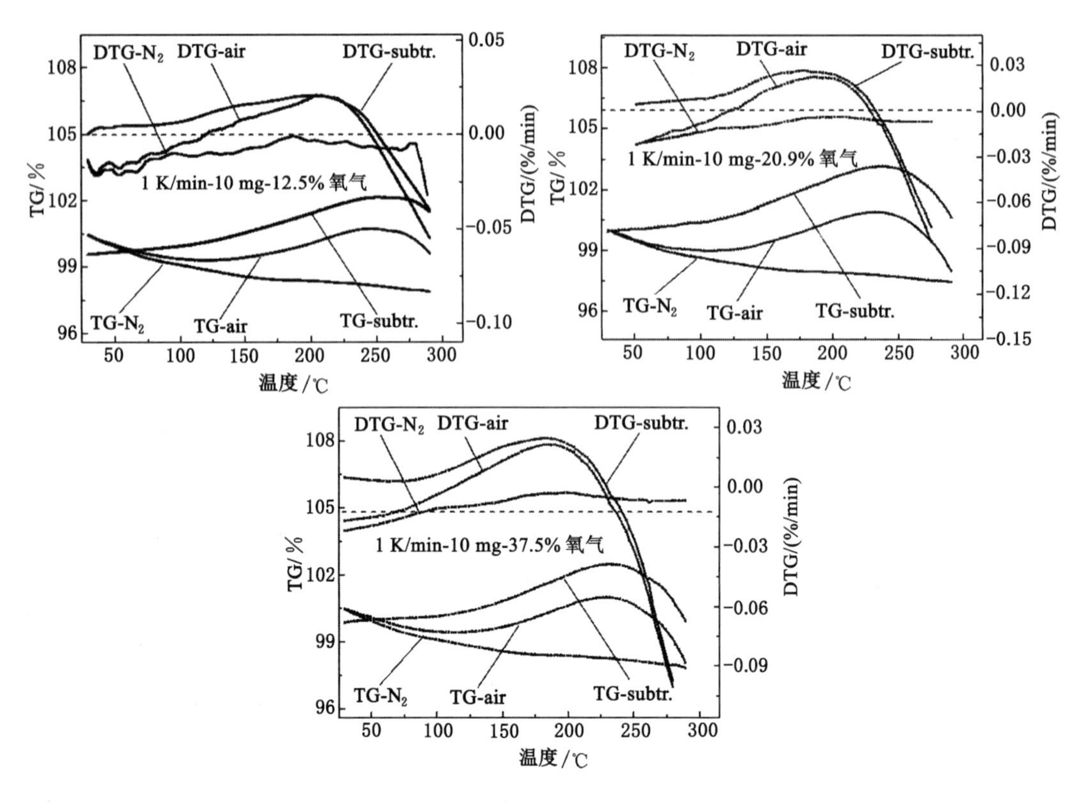

图 4-5　氧气浓度对煤低温氧化过程中质量变化的影响

对缓慢氧化阶段的活化能基本没有影响，而对加速氧化阶段以及快速氧化阶段的活化能有明显的影响作用，例如在快速氧化阶段，氧气浓度从 20.9%降低到 12.5%，活化能从 78.75 kJ/mol 增加到 91.23 kJ/mol；而氧气浓度从 20.9%增加到 37.5%，差减谱图快速氧化阶段的活化能基本不变。通过以上结果可以看出，氧气浓度对煤低温氧化过程的影响主要体现在煤与氧气氧化反应的过程中；在缓慢氧化阶段，由于氧气消耗量较小，因而不同氧气浓度对氧化反应影响较小；随着煤自热过程的进行，当煤低温氧化过程进入加速氧化阶段时，氧气浓度对氧化反应的影响就表现出来，从而表现出随着氧气浓度的降低，氧化反应的活化能有增加的趋势；当氧气浓度达到 20.9%时，环境氛围中的氧气量已能满足氧化反应的需求，继续增加时，对煤的氧化过程基本没有影响。

表 4-5　不同氧气浓度对煤低温氧化过程中各个阶段的活化能的影响

氧气浓度	含氧气氛 E_a/(kJ/mol)			氮气气氛 E_a/(kJ/mol)		空气气氛-氮气气氛 E_a/(kJ/mol)		
	脱水阶段	加速氧化阶段	快速氧化阶段	脱水阶段	热解阶段	缓慢氧化阶段	加速氧化阶段	快速氧化阶段
12.5%	41.25	83.15	120.56	23.26	30.75	31.21	53.95	91.23
20.9%	40.55	77.83	95.82	26.88	36.08	32.16	48.68	78.75
37.5%	42.11	75.56	96.25	27.95	46.31	30.56	47.37	79.21

4.2.3 质量变化与煤种的相关性

为了考察不同煤种低温氧化过程中质量的变化特性，在实验过程中分别称取 XM 煤、SD 煤和 ZZ 煤各 10 mg，分别以 1 K/min 升温速度在氮气气氛和空气气氛下进行热重实验，质量变化规律如图 4-6 所示。从前面的研究得出，煤的低温氧化过程主要包括水分的挥发过程、内在含氧化合物的热分解过程以及煤与氧气发生氧化反应的过程。由于不同煤种内在水分含量不同，内在含氧化合物形态和含量不同以及可与氧气发生氧化反应的活性物质含量的不同、从而引起不同煤种在煤低温氧化过程质量变化趋势不同以及反应活化能的不同，导致不同煤种自燃倾向性不同。

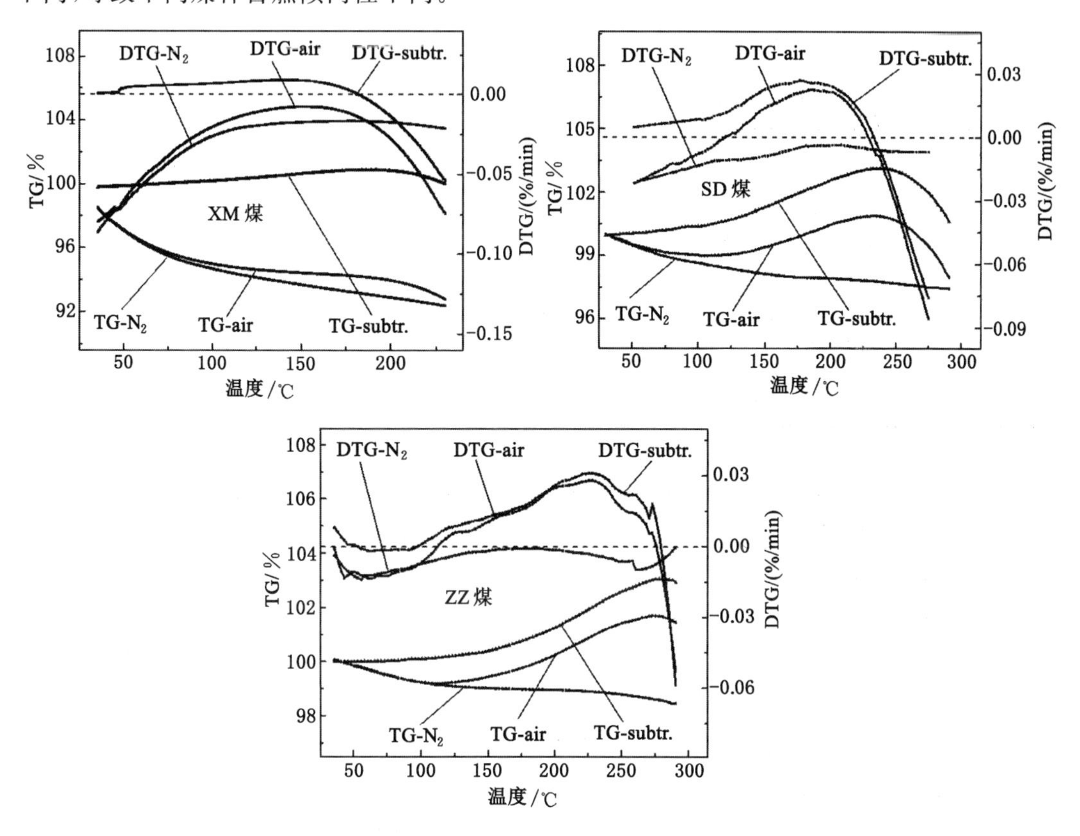

图 4-6 煤种特性对煤低温氧化过程中质量变化的影响

首先对三种煤在氮气气氛下的热重曲线进行对比。氮气气氛中的热重谱图反映的是煤中水分的挥发过程以及内在官能团的热分解过程。由于 XM 煤较 SD 煤和 ZZ 煤含有更多的水分以及较易分解的内在含氧官能团，因而 XM 煤质量降低程度最大，其次是 SD 煤，降低最小的是 ZZ 煤。对比这三种煤空气气氛下的热重曲线可以看出，SD 煤首先表现出质量增加的拐点，其次是 XM 煤，最后是 ZZ 煤，并且以 SD 煤质量增加得最多。由于差减谱图可以排除水分挥发以及内在含氧官能团分解过程的影响，因而表现出与空气气氛下不同的规律。对比三种煤差减谱图曲线可以发现，SD 煤和 ZZ 煤质量都表现出明显的增加趋势，并且以 ZZ 煤质量增加的最多，增加量大于 3%(wt%)，而 XM 煤质量增加趋势较缓，变化量仅为 1%(wt%)左右。由于差减谱图反映的是煤与氧气氧化反应，而增加的质量可归属于含氧化合物的生成，同时差谱曲线也包含了煤氧化过程生成的中间氧化物的分解过程，因而从煤样质量增加量的大小并不能反映煤自燃倾向性的大小。但这些研究结果可以推断出，随着煤样变质程度的增加，煤与氧气氧化反应生成的中间络合物的稳定性就越大，越不容易分解。从这一意义上来看，越容易发生低温氧化的煤种，其氧化反应生成的中间氧化物越容易分解。

煤低温氧化过程中的活化能是评价煤自燃倾向性的重要指标。不同煤种在不同气氛下的各个阶段的活化能如表 4-6 所示。由于煤低温氧化过程中各个过程都受到煤种特性的影响，因而各个阶段的活化能都表现出与煤种的相关性。从表 4-6 可以看出，随着煤样变质程度的增加，煤低温氧化过程中的脱水阶段以及热分解阶段的活化能都随着煤种变质程度的增加而增大，并且空气气氛下的加速氧化阶段及快速氧化阶段活化能也表现出增加的趋势。

表 4-6　　煤种特性对煤低温氧化过程中各个阶段的活化能的影响

煤种	空气气氛 E_a/(kJ/mol)			氮气气氛 E_a/(kJ/mol)		空气气氛-氮气气氛 E_a/(kJ/mol)		
	脱水阶段	加速氧化阶段	快速氧化阶段	脱水阶段	热解阶段	缓慢氧化阶段	加速氧化阶段	快速氧化阶段
XM 煤	35.5	65.12	86.26	23.26	30.75	30.21	42.56	75.23
SD 煤	40.55	77.83	95.82	26.88	36.08	32.16	48.68	78.75
ZZ 煤	42.11	82.96	105.59	27.95	46.31	40.56	56.23	80.98

与空气气氛下的活化能相比，通过差减谱图计算得到的各个阶段的活化能更有应用价值。从表 4-6 可以发现，在煤与氧气氧化反应的缓慢氧化阶段和加速氧化阶段的活化能随着煤样变质程度的增加而增加，而在第三个阶段三种煤样氧化反应的活化能较为接近。这说明不同煤种自燃倾向性的差别主要体现在前两个阶段，即缓慢氧化阶段和加速氧化阶段。这两个阶段的活化能可作为评价煤自燃倾向性的指标参数。

对比空气气氛和差减谱图的活化能，可以发现差减谱图三个阶段的活化能远小于空气气氛下的活化能，这是由于空气气氛下的活化能包含更多的过程，而差减谱图仅反映的是煤与氧气氧化反应的活化能，更能反映煤氧化的本征反应。并且差减谱图能够反映缓慢氧化阶段的活化能，而空气气氛不能反映这一阶段。综上所述，通过差减谱图计算得到的活化能比空气气氛下的谱图更能恰当地反映煤氧化的本质，比空气气氛下的活化能更有应用价值，可作为评价煤自燃倾向性的重要指标。

4.3 煤程序升温氧化热量的变化

4.3.1 煤低温氧化过程热量变化的描述

以 SD 煤为例，描述煤低温氧化过程中的热量变化规律。典型的煤低温氧化过程如图 4-7 所示。图 4-7 所示的是 10 mg SD 煤以 1 K/min 升温速率分别在空气气氛(DSC-air)、氮气气氛(DSC-N_2)下的热量变化曲线，二者的差减谱图(DSC-subtr.)也显示在图 4-7 中。

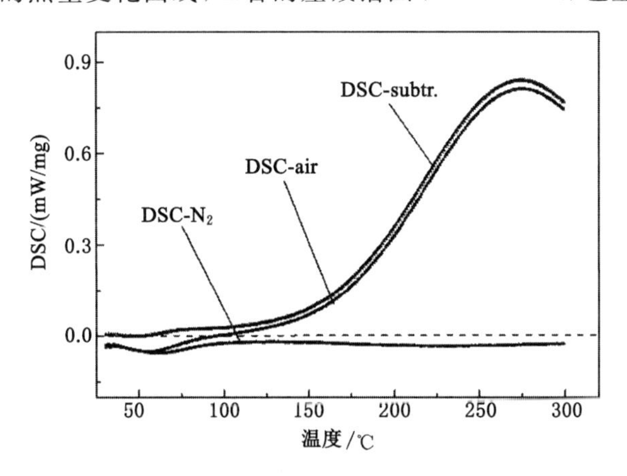

图 4-7 在不同气氛下 SD 煤程序升温过程中热量变化的曲线

从 SD 煤的 DSC-air 曲线可以看出，煤的自燃过程包含三个阶段。第一阶段从 30～110 ℃，DSC 曲线呈现出明显的吸热峰，主要是由于煤中水分挥发所引起的，这一阶段称为脱水阶段。第二阶段从 110～150 ℃，DSC 曲线为正值，煤样表现出放热趋势，并且随着氧化温度的增加，放热速率表现出缓慢增大的趋势，这一阶段煤样与空气发生缓慢的氧化过程释放热量，相应地这一阶段称为加速氧化阶段。第三个阶段从 150～230 ℃，在这一阶段随着氧化温度的增加，煤样放热速率表现出迅速的增加，这表明煤的低温氧化过程进入快速阶段，因此第三个阶段称为快速氧化阶段。同时从图 4-7 可以看出，当煤样温度到达 275 ℃时，煤样氧化放热速率为最大，这一温度称为自燃点，随后放热速率呈现出降低的趋势。图 4-7 显示 SD 煤的 DSC-N_2 曲线为负值，依据曲线变化趋势可以分为两个阶段。第一个阶段为 30～110 ℃，与 DSC-air 曲线相类似，这一阶段称为脱水阶段，并且在 65 ℃左右表现出最大吸热峰。第二阶段为 110～230 ℃，在这一阶段随着温度的增加，DSC 曲线呈现出缓慢下降的趋势，这说明吸热量呈现出增加的趋势，这与煤热分解有关，相应地这一阶段称为热分解阶段。对比空气气氛和氮气气氛下的 DSC 曲线，可以发现在 60 ℃左右，DSC-air 曲线就明显高于 DSC-N_2 曲线，这表明煤低温氧化过程中，当温度达到 60 ℃时，煤与氧气发生氧化反应就释放出可观的热量。然而，这种变化规律仅仅从 DSC-air 曲线是看不到的。二者的差谱可以明显地显示出由于煤体与氧气氧化反应而引起系统热量的增加。

差谱的 DSC 曲线(DSC-subtr.)为正值，这表明差谱可以显示出煤与氧气氧化反应放出的热量。DSC 曲线在 30～230 ℃温度范围内呈现出增加的趋势，但在不同温度区段增加速率是不一样的，表明在煤低温氧化不同阶段热量释放速率是不同的。在温度低于 80 ℃时，放热速率表现出缓慢增加，这一阶段称为缓慢氧化阶段；氧化温度为 80～150 ℃，放热速率表现出明显增加趋势，这一阶段称为加速氧化阶段；当温度高于 150 ℃时，放热速率表现出迅速的增加，并且其放热量稍微高于空气气氛下的放热速率，相应地这一阶段称为快速氧化阶段。对比 DSC-subtr.和 DSC-air，可以发现二者的不同主要体现在 150 ℃之前，这表明差减谱图能消除煤低温氧化过程中的水分脱除过程以及热分解过程所引起的热量变化，可以很好地反映煤低温氧化过程中由于煤与氧气氧化作用而引起的热量增加，并且曲线变化规律与煤自燃过程相吻合，因此 DSC-subtr.谱图比 DSC-air 谱图更好地反映煤自燃氧化放热特性。

4.3.2 影响因素分析

4.3.2.1 升温速率的影响

升温速率对煤低温氧化过程中热量变化趋势的影响如图 4-8 所示。图 4-8 显示的是 10 mg SD 煤在氮气气氛和空气气氛下，分别以 1 K/min，2.5 K/min 以及 5 K/min 升温速率得到的 DSC 曲线以及它们的差谱曲线。

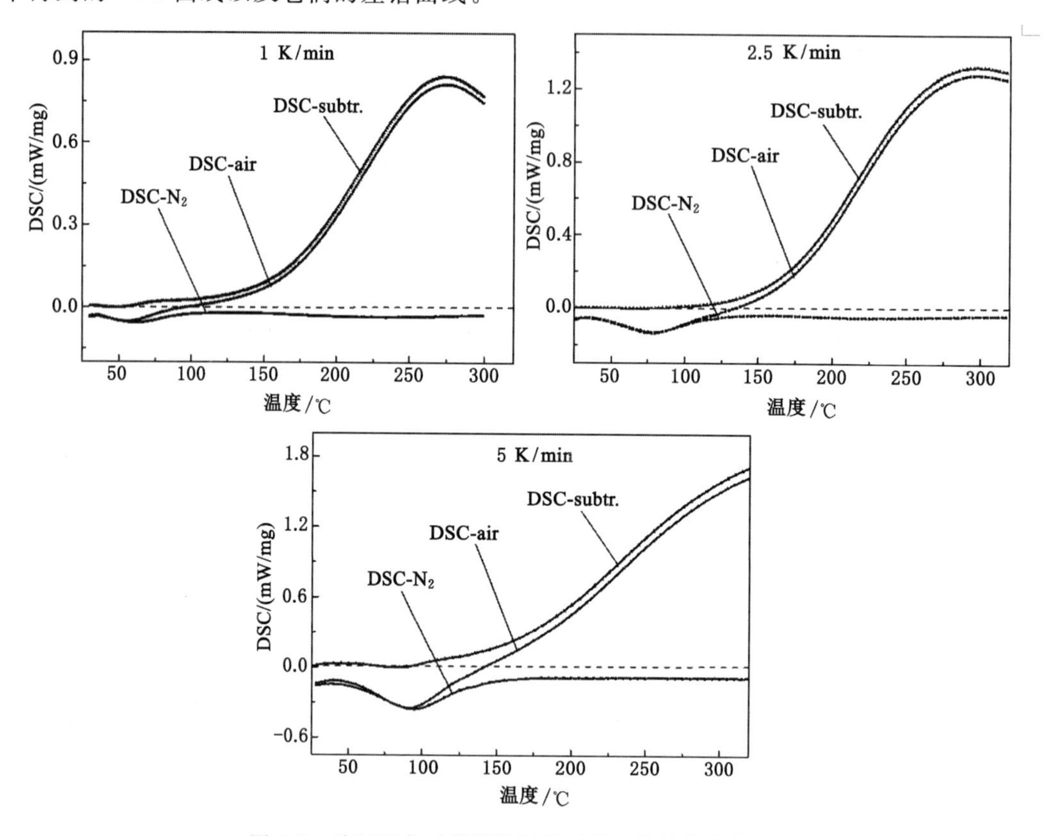

图 4-8 升温速率对煤低温氧化过程中热量变化的影响

如前所述，煤的低温氧化过程包含脱水过程、热分解过程以及煤与氧气氧化反应的过程。从图 4-8 可以看出，升温速率对煤低温氧化过程的影响，主要通过上面这几个过程起作用的。升温速率对脱水阶段的影响主要表现为随着升温速率的增加，吸热峰温度区间变宽，并且吸热峰面积变大。例如，在 1 K/min 升温速率下，脱水阶段温区为 30～110 ℃；升温速率为 2.5 K/min 时，脱水温区为 30～125 ℃；当升温速率增加为 2.5 K/min 时，脱水温区增大为 30～150 ℃。升温速率对热分解阶段的影响主要表现为随着升温速率的增加，吸热强度增大。同时升温速率对煤与氧气氧化反应阶段的影响也较为明显。随着升温速率的增加，初始放热温度增加，例如在 1 K/min 的升温速率下，在 60 ℃时，氧化反应就表现出可观的放热，当升温速率增加到 5 K/min 时，在 100 ℃时，才观察到放热现象。升温速率对煤与氧气氧化反应阶段放热强度也有很大的影响。如图 4-8 所示，随着升温速率的增加，煤的放热强度呈现出增加的趋势。

在不同的升温速率下，煤低温氧化各个过程的放(吸)热量的结果如表 4-7 所示。从表

4-7 可以看出，随着升温速率的增加，脱水阶段吸热量呈现出增加的趋势，而热解阶段吸热量表现出降低的趋势。同时随着升温速率的增加，氧化阶段的放热量呈现出降低的趋势。例如，在差减谱图中，当升温速率从 1 K/min 增加到 5 K/min，加速氧化阶段放热量从 181.53 kJ/kg 降低到 61.12 kJ/kg；快速氧化阶段放热量从 1 489.60 kJ/kg 降低到 455.31 kJ/kg。同时可以发现，煤氧化过程中放热量主要表现在加速氧化阶段和快速氧化阶段。对比空气气氛和差减谱图的 DSC 热量变化特性，可以发现只有在 1 K/min 升温速率下，缓慢氧化阶段和加速氧化阶段总的放热量大于脱水阶段的放热量，这表明在缓慢的升温速率下，煤炭才能发生自燃过程，因此只有在 1 K/min 升温速率下进行氧化实验，才能更接近煤的真实自热过程。

表 4-7　　升温速率对 DSC 曲线各个过程热量的变化

升温速率/(K/min)	空气气氛/(kJ/kg)		氮气气氛/(kJ/kg)		空气气氛-氮气气氛/(kJ/kg)		
	脱水阶段	氧化阶段	脱水阶段	热解阶段	缓慢氧化阶段	加速氧化阶段	快速氧化阶段
1.0	−165.06	1 262.55	−223.21	−132.59	23.37	181.53	1 489.60
2.5	−190.63	712.88	−258.22	−81.63	22.26	90.89	805.26
5.0	−413.57	564.52	−318.38	−86.17	12.36	61.12	455.31

通过公式(4-9)计算得到的各个升温速率下，煤低温氧化各个过程的活化能显示在表 4-8 中。如表 4-8 所示，随着升温速率的增加，煤低温氧化各个过程的活化能都表现出增加的趋势。例如，升温速率从 1 K/min 增加到 5 K/min，氮气气氛下脱水阶段的活化能从 50.66 kJ/mol增加到 78.46 kJ/mol，热解阶段的活化能从 68.12 kJ/mol 增加到 97.33 kJ/mol；同样地，在差减谱图中缓慢氧化阶段的活化能从 52.49 kJ/mol 增加到 70.91 kJ/mol，快速氧化阶段的活化能从 88.34 kJ/mol 增加到 103.78 kJ/mol。因此，增加升温速率，会相应地增大煤氧化过程中各个阶段的活化能，增加实验误差。同时空气气氛下氧化阶段的活化能要大于差减谱图计算得到的活化能，这是由于空气气氛下氧化过程包含煤与氧气的氧化过程以及内在含氧官能团热分解过程，因而计算得到的活化能是二者共同作用的结果。这种差别也表明通过差谱计算得到的活化能才能真实地反映煤与氧气氧化反应的活化能，同时差谱也可以反映出不同氧化阶段的活化能。

表 4-8　　升温速率对 DSC 曲线各个过程活化能的影响

升温速率/(K/min)	空气气氛 E_a/(kJ/mol)			氮气气氛 E_a/(kJ/mol)		空气气氛-氮气气氛 E_a/(kJ/mol)		
	脱水阶段	加速氧化阶段	快速氧化阶段	脱水阶段	热解阶段	缓慢氧化阶段	加速氧化阶段	快速氧化阶段
1.0	41.47	73.57	88.40	50.66	68.12	52.49	72.37	88.34
2.5	58.07	87.18	96.68	63.20	78.54	64.75	75.83	89.67
5.0	68.34	104.70	115.51	78.46	97.33	70.91	91.68	103.78

4.3.2.2　煤样质量的影响

基于上面的研究结果，认为研究煤样质量对煤低温氧化过程热量变化的影响时选择 1 K/min的升温速率最佳。图 4-9 显示的是质量分别为 5 mg、10 mg 和 15 mg SD 煤分别在空气气氛及氮气气氛、1 K/min 升温速率下的 DSC 谱图和空气气氛与氮气气氛差减 DSC 谱图。

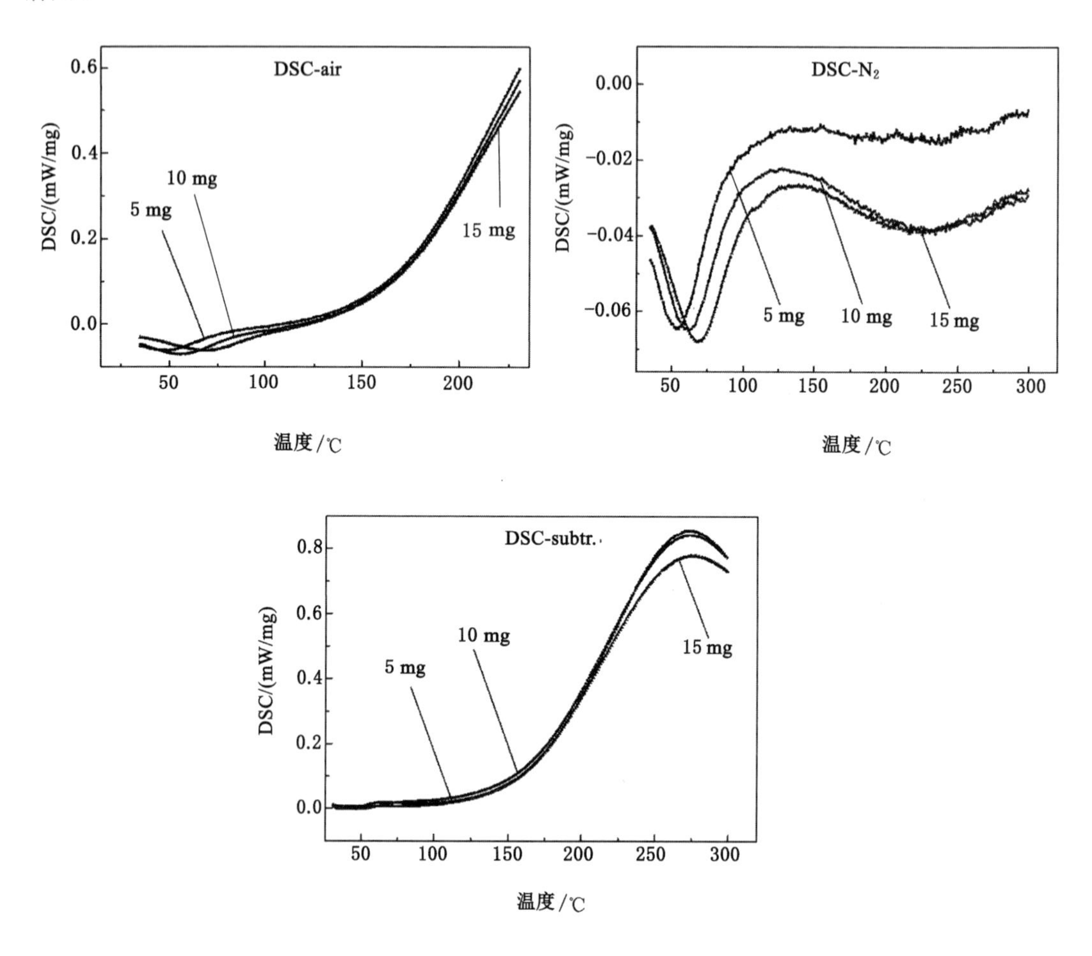

图 4-9　煤样质量对煤低温氧化过程热量变化的影响

从图 4-9 可以看出，煤样质量对煤低温氧化过程中脱水阶段以及热分解阶段具有明显的影响，然而煤样质量对煤氧化阶段的影响较小。不同质量的煤样在煤低温氧化过程中各个阶段的放(吸)热量如表 4-9 所示。从表 4-9 可以看出，煤样质量对煤低温氧化过程中脱水阶段和热解阶段有明显影响，随着煤样质量的增加，脱水阶段单位质量煤样吸热量显著增大，例如当煤样质量从 5 mg 增加到 15 mg 时，热解阶段的吸热量从 64.85 kJ/kg 增加到 165.22 kJ/kg。然而，煤样质量对煤低温氧化过程中煤与氧气氧化过程几乎没有影响，缓慢氧化阶段的平均放热量为 32.66 kJ/kg，加速氧化阶段的平均放热量为 128.38 kJ/kg，快速氧化阶段的平均放热量为 1 405.94 kJ/kg。正是由于煤与氧气氧化反应放出的这些热量引起煤体温度升高，从而导致煤的自热乃至自燃。

表 4-9　　煤样质量对 DSC 曲线各个过程热量的变化

煤样质量/mg	空气气氛/(kJ/kg)		氮气气氛/(kJ/kg)		空气气氛-氮气气氛/(kJ/kg)		
	脱水阶段	氧化阶段	脱水阶段	热解阶段	缓慢氧化阶段	加速氧化阶段	快速氧化阶段
5	−89.30	1 329.24	−224.41	−64.85	34.79	133.73	1 420.18
10	−105.06	1 262.55	−223.21	−132.59	33.37	131.53	1 409.60
15	−167.70	1 222.74	−299.62	−165.22	29.81	119.88	1 388.04

煤样质量对煤低温氧化过程中各个过程活化能的影响如表 4-10 所示。从表 4-10 可以看出，煤样质量对煤低温氧化过程脱水阶段和热解阶段的活化能有较大的影响，随着质量的增加，脱水阶段和热解阶段的活化能显著增大，例如当煤样质量从 5 mg 增加到 15 mg 时，脱水阶段活化能从 40.31 kJ/mol 增加到 68.34 kJ/mol，热解阶段的活化能从 68.12 kJ/mol 增加到 97.33 kJ/mol。然而，煤样质量对煤低温氧化过程中煤与氧气氧化反应阶段影响较小，除对缓慢氧化阶段有影响外，对加速氧化阶段和快速氧化阶段基本没有影响。煤样质量对煤低温氧化过程的作用主要表现为对气体扩散的影响，而对煤与氧气氧化反应过程的影响较小，这表明煤与氧气氧化反应过程主要发生在煤炭颗粒的表面，不存在氧气从煤体表面扩散到煤体内部的过程。

表 4-10　　煤样质量对 DSC 曲线各个过程活化能的影响

煤样质量/mg	空气气氛 E_a/(kJ/mol)			氮气气氛 E_a/(kJ/mol)		空气气氛-氮气气氛 E_a/(kJ/mol)		
	脱水阶段	加速氧化阶段	快速氧化阶段	脱水阶段	热解阶段	缓慢氧化阶段	加速氧化阶段	快速氧化阶段
5	40.31	73.57	88.40	50.66	68.12	52.49	72.37	88.34
10	58.07	87.18	96.68	63.20	78.54	64.75	75.83	89.67
15	68.34	104.70	115.51	78.46	97.33	70.91	76.68	90.78

4.3.3　热量变化与煤种的相关性

不同煤种自燃倾向性的差异主要体现为煤低温氧化过程中放(吸)热量的不同。为了探讨煤种特性对煤低温氧化过程中热量变化的影响，在实验研究中分别称取 XM 煤、SD 煤和 ZZ 煤 10 mg，以 1 K/min 升温速度在氮气气氛和空气气氛下分别进行 DSC 分析，测得热量变化规律的结果如图 4-10 所示。从前面的研究可知，煤的低温氧化过程包括水分的挥发过程，内在含氧化合物的热分解过程以及煤与氧气氧化反应的过程。由于不同煤种内在水分含量不同，内在含氧化合物形态和含量不同以及可与氧气发生氧化反应的活性组分含量不同，从而引起不同煤种在煤低温氧化过程热量变化趋势的不同以及反应活化能的不同，从而造成不同煤种自燃倾向性的不同。

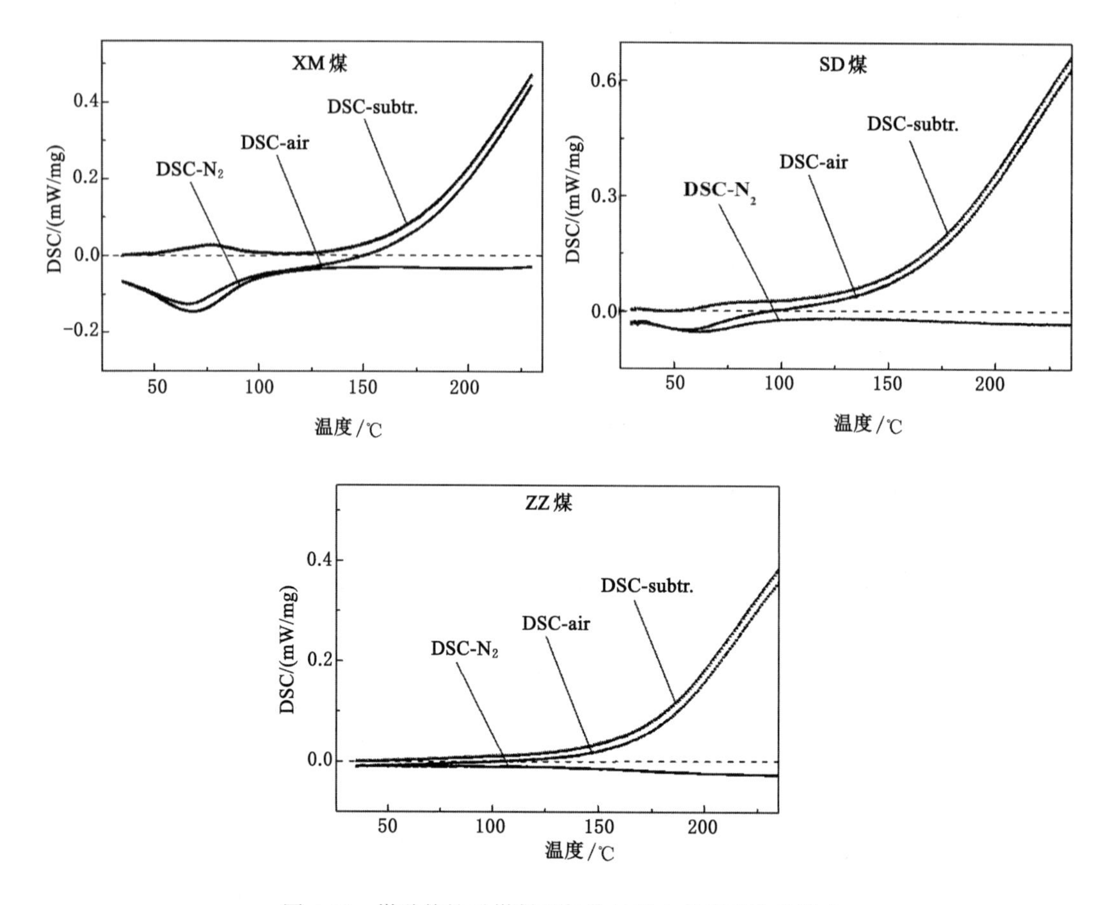

图 4-10　煤种特性对煤低温氧化过程中热量变化的影响

三种煤在低温氧化过程中不同阶段的热量变化显示在表 4-11 中。氮气气氛下的 DSC 曲线反映煤低温氧化过程中的水分的挥发过程以及内在官能团的热解过程。由于 XM 煤较 SD 煤和 ZZ 煤含有更多的水分以及较易分解的内在含氧官能团，因而 XM 煤脱水阶段和热解阶段吸热量最多，其次是 SD 煤，ZZ 煤最少。对比这三种煤在空气气氛下的 DSC 曲线可以发现，SD 煤首先表现出放热特性(100 ℃左右)，其次是 ZZ 煤(110 ℃左右)，最后是 XM 煤(150 ℃左右)；并且以 SD 煤热量释放量最多。

表 4-11　　煤种特性对 DSC 曲线各个过程中热量变化的影响

煤种	空气气氛/(kJ/kg)		氮气气氛/(kJ/kg)		空气气氛-氮气气氛/(kJ/kg)		
	脱水阶段	氧化阶段	脱水阶段	热解阶段	缓慢氧化阶段	加速氧化阶段	快速氧化阶段
XM 煤	−382.05	845.07	−542.73	−145.87	35.01	52.43	937.74
SD 煤	−165.06	1 262.55	−223.21	−132.59	23.37	181.53	1 489.60
ZZ 煤	−120.00	574.73	−75.74	−102.32	7.02	65.76	754.19

由于差减谱图可以排除水分、挥发以及内在含氧官能团的分解过程影响，反映的是煤与

氧气氧化反应过程的放热特性，因而表现出与空气气氛下不同的规律。对比差减谱图曲线可以发现，三种煤放(吸)热量变化表现出明显的差异性。在缓慢氧化阶段(30～80 ℃)，XM煤呈现出明显的吸热峰，放出热量最多，约为 35.01 kJ/kg，而变质程度较高的 ZZ 煤放出热量最少，约为 7.02 kJ/kg。在加速氧化阶段(80～150 ℃)，XM 煤放热强度呈现出先降低后增加的趋势，而 SD 煤和 ZZ 煤放热强度呈现出缓慢增加的趋势。这种差别主要是由于在煤与氧气氧化反应过程中既包含中间络合物的生成过程(释放放热)，又包含不稳定中间络合物的分解过程(吸收热量)，在这一阶段总放热量是二者共同作用的结果。在 80～125 ℃，XM 煤氧化过程生成的中间络合物不太稳定，随着温度的增加，容易发生分解反应，这一点可以通过前面的热重曲线得出，因而表现出放热强度降低的趋势；当温度高于 125 ℃时，氧化反应加剧，氧化过程生成的中间络合物速率远大于不稳定中间络合物的分解速率，从而又表现出放热强度增加的趋势。而 SD 煤和 ZZ 煤，氧化反应生成的中间络合物稳定性较好，不易分解，并且随着氧化温度的增加中间络合物生成速率增加，因而在氧化阶段放热强度呈现出增加的趋势。在加速氧化阶段，以 SD 煤放出的热量最多，约为 181.53 kJ/kg，以 XM 煤放出热量最少，约为 52.43 kJ/kg。在快速氧化阶段(150～230 ℃)，三种煤放热强度随着氧化温度的增加而迅速增加，这个阶段放热量比加速氧化阶段高一个数量级，其中以 SD 煤放出的热量最多，ZZ 煤放出的热量最少。总体来说，在煤与氧气氧化反应过程中，放热强度受到中间络合物的生成过程和不稳定中间络合物的分解过程的共同控制，因而表现出煤种差异性，从而导致煤低温氧化行为的不同。

不同煤种低温氧化过程中各个阶段的活化能如表 4-12 所示。脱水阶段的活化能与煤中水分存在形式有关，其活化能大小顺序为：XM 煤＜SD 煤＜ZZ 煤，这表明随着煤变质程度的增加，内在水存在形式的稳定性增大，挥发需要更多的热量，这与脱水阶段吸热量大小相一致。热解阶段活化能与煤种内在含氧官能团赋存形态和稳定性密切相关。XM 煤的内在含氧官能团稳定性较差，在煤体升温过程中较易分解，表现出较低的活化能，而 ZZ 煤的内在含氧官能团稳定性较高，因而热解阶段的活化能较大。热解过程的活化能大小顺序与煤变质程度相一致。通过差减谱图计算得到的活化能反映的是煤与氧气氧化反应过程的活化能，不同阶段的活化能的差别反映各个阶段对煤自燃过程的贡献大小。对比可以发现，对于同一煤种而言，随着氧化温度的增加，各个阶段的活化能呈现出增加的趋势；对于不同煤种，煤与氧气氧化反应过程的缓慢氧化阶段和加速氧化阶段的活化能随着煤变质程度的增加而增加，而在第三个阶段这三种煤样氧化反应活化能较为接近。例如，在缓慢氧化阶段，XM 煤的活化能为 28.67 kJ/mol，而 ZZ 煤为 42.69 kJ/mol；而在快速氧化阶段这三种煤的活化能都在 88 kJ/mol 附近。这与通过煤低温氧化过程中质量变化计算得到的活化能规律相一致，说明不同煤种自燃倾向性的差别主要体现在前两个阶段，即为缓慢氧化阶段和加速氧化阶段。这两个阶段可以作为评价煤自燃倾向性的技术指标。同时对比空气气氛和差减谱图计算得到的活化能，可以发现差减谱图氧化过程三个阶段的活化能远小于空气气氛下氧化的活化能，这表明空气气氛下的活化能包含更多的过程，而差减谱图仅反映的是煤与氧气氧化反应的活化能，反映煤低温氧化本征反应。因此，差减谱图比空气气氛下的谱图更能反映煤氧化的本质，比空气气氛下的活化能更有应用价值，可作为评价煤自燃倾向性重要指标。

表 4-12　　煤种特性对 DSC 曲线各个过程的活化能影响

煤种	空气气氛 E_a/(kJ/mol)			氮气气氛 E_a/(kJ/mol)		空气气氛-氮气气氛 E_a/(kJ/mol)		
	脱水阶段	加速氧化阶段	快速氧化阶段	脱水阶段	热解阶段	缓慢氧化阶段	加速氧化阶段	快速氧化阶段
XM 煤	37.20	87.15	90.51	35.70	46.36	28.67	62.59	86.28
SD 煤	41.47	73.57	93.40	40.66	60.11	36.49	72.37	88.35
ZZ 煤	42.05	82.70	98.32	46.36	68.12	42.69	80.53	90.57

4.4 本章小结

本章借助于 TG 和 DSC 分析技术，研究了煤低温氧化各个过程的质量和热量变化规律及动力学特性，得出如下主要结论：

(1) 通过空气气氛和氮气气氛下的 TG 曲线和 DSC 曲线，以及二者差减谱图(TG-subtr.和 DSC-subtr.)，可以把煤低温氧化分为三个过程：脱水过程、热解过程和煤与氧气氧化反应过程。各个过程都表现出各自的质量和热量变化特性。空气气氛下的热重曲线(TG-air)和 DSC 曲线(DSC-air)反映的是脱水过程、热解过程以及煤与氧气氧化反应过程共同作用所引起的煤样质量和系统热量变化；氮气气氛下的热重曲线(TG-N_2)和 DSC 曲线(DSC-N_2)可以反映脱水过程和热分解过程所引起煤样质量和系统热量变化；而 TG-subtr.曲线和 DSC-subtr.曲线可以反映煤与氧气氧化反应所引起的质量和热量变化，能更好地反映煤低温氧化的本质。

(2) 升温速率是影响煤低温氧化的主要因素，随着升温速率的增加，空气气氛和氮气气氛下的特征温度及活化能均表现出增大的趋势。与升温速率相比，煤样质量对煤低温氧化过程的影响较小。空气气氛与氮气气氛差谱曲线，不仅能反映煤与氧气本征氧化反应，而且能较好地降低升温速率及煤样质量所带来的实验误差。

(3) 依据差减谱图(TG-subtr.和 DSC-subtr.)质量和热量随氧化温度的变化趋势，可以将煤与氧气氧化反应过程分成三个阶段：缓慢氧化阶段、加速氧化阶段以及快速氧化阶段。

(4) 不同煤种内在水分含量、内在含氧化合物形态和含量以及可与氧气发生氧化反应的活性物质含量不同，从而表现出不同低温氧化煤种特性。随着煤变质程度的增加，煤与氧气氧化反应生成的中间络合物的稳定增大。煤低温氧化过程中质量和热量变化受到中间络合物生成过程和不稳定中间氧化物分解过程的共同作用，不同煤种低温氧化过程中生成的中间氧化物稳定性不同，从而引起质量和热量变化不同。并且煤低温氧化过程中质量变化和热量变化之间存在明显的相关性。

(5) 差减谱图能够反映煤低温氧化中缓慢氧化阶段、加速氧化阶段以及快速氧化阶段的活化能，比空气气氛下的谱图更能反映煤的氧化本质。不同煤种煤与氧气氧化反应活化能的差别主要体现在前两个氧化阶段，而第三个阶段相差不大。缓慢氧化阶段和加速氧化阶段的活化能可作为评价煤自燃倾向性的技术指标参数。

参考文献

[1] WANG H H,DLUGOGORSKI B Z,KENNEDY E M. Coal oxidation at low temperatures: oxygen consumption, oxidation products, reaction mechanism and kinetic modelling[J]. Progress in Energy and Combustion Science,2003,29:487-513.

[2] 何启林,王德明.煤的氧化和热解反应的动力学研究[J]. 北京科技大学学报,2006,28(1): 1-5.

[3] 陆卫东,王继仁,邓存宝,等. 基于活化能指标的煤自燃阻化剂实验研究[J]. 矿业快报,2007,10: 45-47.

[4] 张嫣妮,邓军,文虎,等. 华亭煤自燃特征温度的 TG/DTG 实验[J]. 西安科技大学学报,2011,6: 659-662.

[5] 肖旸,马砺,王振平,等. 采用热重分析法研究煤自燃过程的特征温度[J]. 煤炭科学技术,2007,5: 73-76.

[6] 周沛然,王乃继,周建明,等. 热重分析法对不同粒度煤自燃过程特征温度的研究[J]. 洁净煤技术,2010,3: 64-66.

[7] 战婧,王寅,王海辉. 煤低温增重现象中的控制反应及其动力学解析[J]. 化学学报,2012,70(8): 980-988.

[8] OZBAS K E,KÖK M V, HICYILMAZ C. DSC Study of the combustion properties of Turkish coal[J]. Journal of Thermal Analysis and Calorimetry,2003,71: 849-856.

[9] 仲晓星. 煤自燃倾向性的氧化动力学测试方法研究[D]. 徐州: 中国矿业大学,2008.

[10] 潘乐书,杨永刚. 基于量热分析煤低温氧化中活化能研究[J]. 煤炭工程,2013,6: 102-105.

[11] 余明高,郑艳敏,路长,等. 煤低温氧化热解的热分析实验研究[J]. 中国安全科学学报,2009,9: 83-86.

[12] 陆昌伟,奚同庚. 热分析质谱法[M]. 上海: 上海科学技术文献出版社,2002.

[13] 王俊宏,常丽萍,谢克昌. 西部煤的热解特性及动力学研究[J]. 煤炭转化,2009,3: 1-5.

[14] 胡荣祖,史启祯. 热分析动力学[M]. 北京:科学出版社,2001.

[15] SLOVAK V,TARABA B. Effect of experimental conditions on parameters derived from TG-DSC measurements of low-temperature oxidation of coal[J]. Journal of thermal analysis and calorimetry,2010,101: 641-646.

[16] 葛新玉. 基于热分析技术的煤氧化动力学实验研究[D].淮南:安徽理工大学,2009.

[17] 刘长青. 煤低温氧化过程的热分析动力学研究[D].淮南:安徽理工大学,2007.

CHAPTER 5

煤低温氧化过程中活性官能团的转化规律

活性官能团的迁移转化是煤低温氧化过程中最典型的微观特性，在煤自燃过程中发挥着重要作用。目前研究认为，在煤的低温氧化过程中首先会涉及氧气分子进攻特定位置脂肪族C—H组分，例如α位亚甲基或者与—OR相连的亚甲基等，这些脂肪族活性组分会被氧化生成过氧化物以及过氧化氢等，随后这些过氧化物中间体发生分解反应生成羰基类、脂类以及羧酸类等含氧官能团化合物[1-5]。在煤氧化过程中脂肪族活性C—H组分包括甲基类活性组分和亚甲基类活性组分都会发生氧化反应[6]。目前普遍认为煤中活性基团与氧气氧化具有选择性，特别是与芳香环相连的亚甲基活性最高，在氧化过程中首先被氧化生成羰基类化合物或者羧基类化合物[7,8]。然而，目前有关甲基和亚甲基在煤低温氧化过程中迁移转化动力学特性方面的研究很少，从动力学角度分析二者反应活性的差别对了解煤低温氧化行为具有很好的促进作用。煤低温氧化过程中所涉及的含氧活性组分主要包括：酮类、酸类、醛类、醌类、脂类、酸酐以及羧酸盐等。目前一些研究者已经通过各种分析手段证明这些含氧化合物的存在，然而有关含氧化合物在煤低温氧化过程中转化规律的研究却鲜有报道。同时人们对煤低温氧化过程中主要氧化产物存在争议，例如Lopez[1]研究认为羧酸类化合物是煤低温氧化的主要产物，而Azik等[2]研究认为芳香脂类是煤低温氧化过程的主要产物。煤种特性的差异可能是造成该分歧存在的原因，因此有必要对不同煤种在低温氧化过程中活性组分的迁移转化进行详细的分析探讨。

傅里叶红外光谱作为表征微观结构的分析技术，已广泛用于煤低温氧化过程的研究，而原位傅里叶红外光谱凭借其独特的优势，例如较少的样品用量、不需压片、不需KBr稀释，特别是实时在线检测的特性，可用于煤低温氧化过程微观官能团变化的实时检测。同时原位光谱的漫反射峰单位是Kubelka-Mumk，其与官能团吸收峰强度呈正比，可半定量研究各官能团，考察煤低温氧化过程中各活性官能团迁移转化特性[9]。基于上面的分析，本部分的研究借助于原位傅里叶红外光谱研究煤低温氧化的微观特性，通过半定量方法分析甲基和亚甲基转化动力学特性，同时对含氧官能团转化规律进行研究。并对不同煤种低温氧化过程中的微观结构变化进行比较，拟将为煤低温氧化机理的探讨提供依据。

5.1 原煤的微观结构特性

三种原煤(XM 煤,SD 煤,ZZ 煤)的 FTIR 表征结果如图 5-1 所示。从图 5-1 可以看出,三种煤样的红外谱图存在一定的差别,主要表现在以下四个振动区域:羟基吸收伸缩振动区间(3 750~3 200 cm^{-1})、芳香族和脂肪族 C—H 吸收伸缩振动区间(3 100~2 800 cm^{-1})、芳香族 C═O 化合物伸缩振动区间(1 850~1 500 cm^{-1})以及醇、酚和醚类 C—O 伸缩振动区间(1 200~1 000 cm^{-1})。正是由于这些微观官能团的不同,从而导致不同煤种低温氧化特性的差异。研究表明,脂肪族 C—H 组分和含 C═O 类化合物在煤低温氧化过程起着主要作用,因此本部分主要是基于这两类活性组分在煤低温氧化过程中的转化规律来研究煤的低温氧化行为。

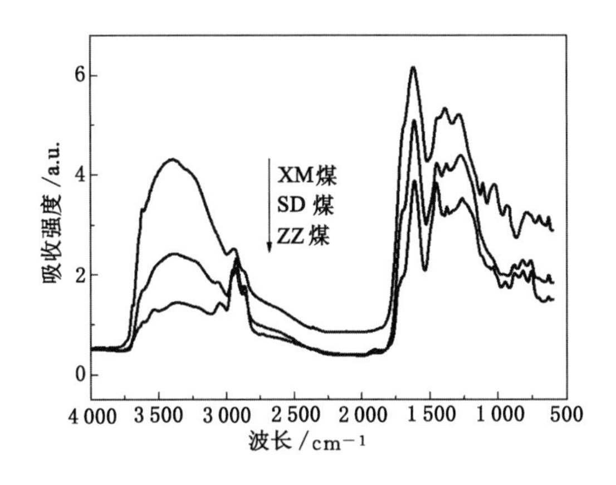

图 5-1 三种原煤的红外吸收光谱

5.1.1 脂肪族 C—H 吸收振动区间

在 3 100~2 800 cm^{-1}振动吸收区包含芳香族 C—H 吸收伸缩振动区间(3 100~3 000 cm^{-1})和脂肪族 C—H 吸收伸缩振动区间(3 000~2 800 cm^{-1})。从图 3-1 可以看出,XM 煤变质程度较低,在 3 100~3 000 cm^{-1}没有明显的吸收峰;而变质程度较高的 ZZ 煤表现出很强的吸收峰。同时这三种煤脂肪族 C—H 吸收振动区间也呈现出明显的不同:ZZ 煤振动吸收峰面积最大,而 XM 煤最小,这说明 ZZ 煤比 SD 煤和 XM 煤含有更多的脂肪族 C—H 组分。这三种煤脂肪族 C—H 组分含量大小顺序与元素分析中 H 元素含量相一致。

去卷积是解析各个振动吸收峰位置的最佳途径,分峰拟合可以定量测定重叠区间各个振动吸收峰的含量。红外谱图的一阶导数谱图能够显示出原始光谱中各个吸收峰的位置,而二阶导谱图能够准确地找出原红外谱图中各个吸收峰的位置[9]。为了对比这三种原煤的甲基和亚甲基的含量,分别对这三种煤进行去卷积和分峰拟合。以 SD 煤为例,其红外谱图去卷积结果如图 5-2 所示。

从图 5-2 可以看出,3 000~2 800 cm^{-1}振动区间包含有五个吸收振动峰,它们分别为:2 956 cm^{-1}处归属于甲基(—CH_3)非对称性伸缩振动吸收峰,2 922 cm^{-1}处归属于亚甲基

(—CH_2—)非对称性伸缩振动吸收峰,2 897 cm^{-1}处归属于烷烃 C—H 伸缩振动吸收峰,2 867 cm^{-1}处归属于甲基对称性伸缩振动吸收峰,2 851 cm^{-1}处归属于亚甲基对称性伸缩振动吸收峰[6,10,11]。依据这三种煤的解析结果,分别对其在 3 000～2 800 cm^{-1}区进行分峰拟合,拟合结果如图 5-3 所示。每个吸收振动峰的面积列于表 5-1 中。从表 5-1 可以看出,ZZ 煤脂肪族 C—H 吸收振动峰面积为 145.96 a.u.,远大于 SD 煤和 XM 煤,这种结果与三种煤的元素分析结果相一致(表 2-1),ZZ 煤含有更多的 H 元素。同时也可以看到,甲基和亚甲基非对称性振动吸收峰面积大于它们的非对称性伸缩振动吸收峰面积,这说明甲基和亚甲基的非对称伸缩振动吸收强度明显高于其对称性伸缩振动吸收强度。CH_3/CH_2 可以用来反映煤中脂肪链的长度[12]。XM 煤、SD 煤和 ZZ 煤的 CH_3/CH_2 分别为 0.78、0.57 和 0.62,可以认为 SD 煤含有更多的—CH_2—组分。

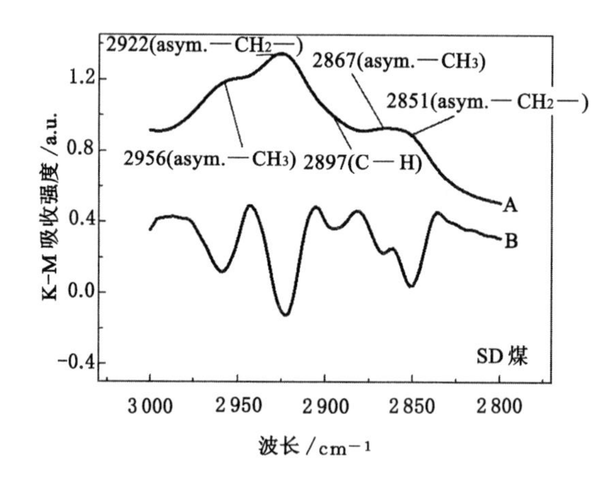

图 5-2 SD 煤 3 000～2 800 cm^{-1}红外吸收振动区间解析光谱

A——原始谱图；B——二阶导光谱

表 5-1 三种原煤 3 000～2 800 cm^{-1}红外吸收振动区各个吸收峰面积

煤种	波数/cm^{-1}					总面积/a.u.
	2 851	2 867	2 897	2 922	2 956	
XM 煤	9.91	8.91	19.02	32.85	25.49	96.19
SD 煤	12.55	10.35	17.19	38.28	21.79	100.17
ZZ 煤	24.79	16.19	18.00	53.68	33.30	145.96

5.1.2 C＝O 吸收振动区间

羰基(C＝O)吸收振动区间在 1 850～1 500 cm^{-1}处。此振动区间包含有芳香族酸酐、脂类、醛类、酸类、醌类、酮类、羧酸根离子以及芳香 C＝C 振动吸收峰。基于文献资料对这些官能团在红外谱图振动吸收峰位置范围进行了归属确定,结果如图 5-4 所示。其中脂类有三类,分别为 Ar—O—C(O)—R、R—O—C(O)—R 和 Ar—O—C(O)—Ar。

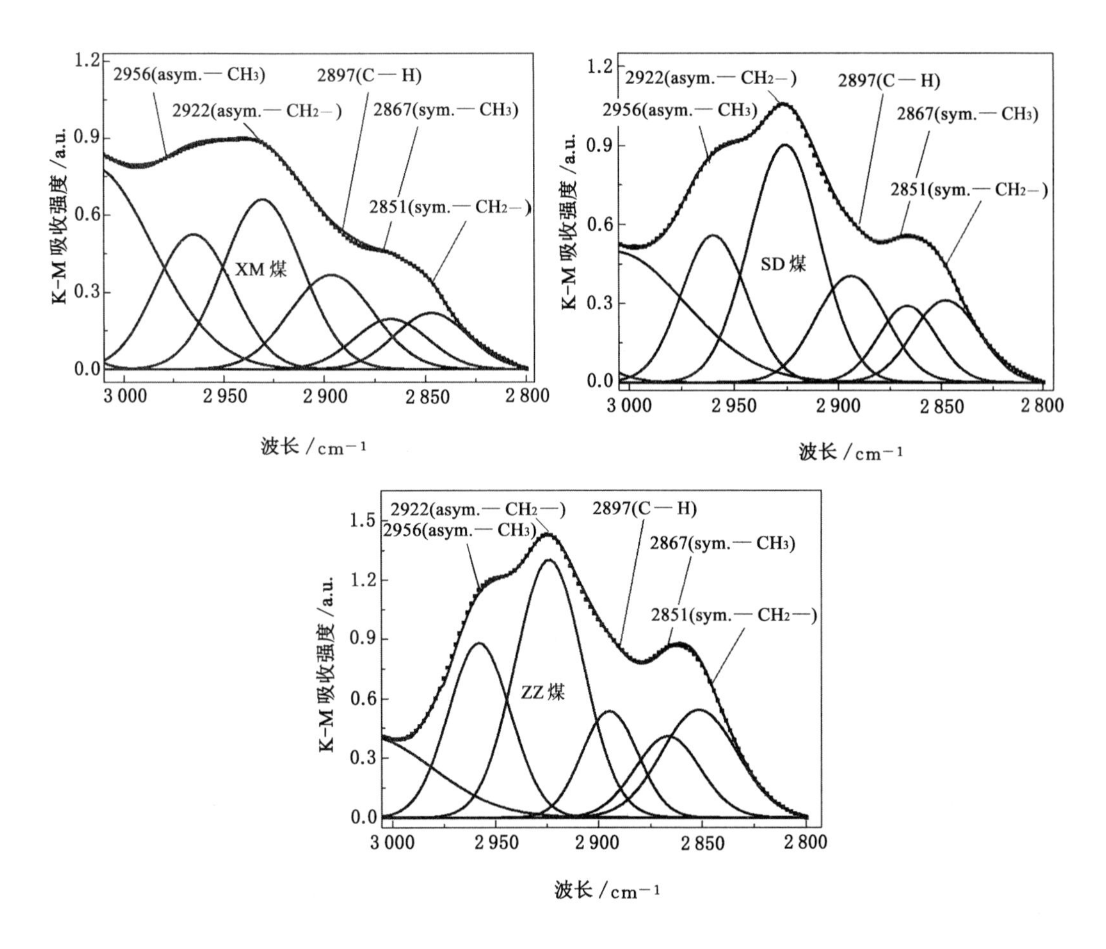

图 5-3 三种煤样 3 000～2 800 cm^{-1}红外吸收振动区间谱峰的分峰拟合

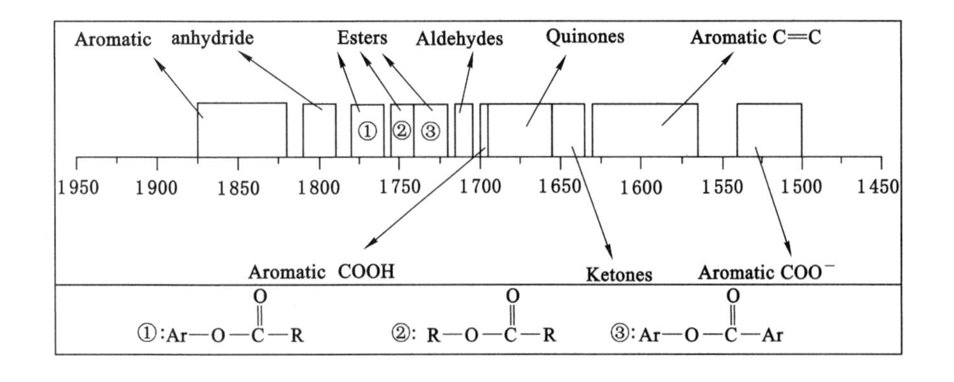

图 5-4 红外谱图的 1 850～1 500 cm^{-1}吸收振动区间各官能团位置归属

依据去卷积和曲线拟合的分析方法,分别对三种煤样的红外光谱 1 850～1 500 cm^{-1}振动区间进行分峰解析。以 SD 煤为例,其红外光谱二阶段谱图如图 5-5 所示。从图可以看出,1 850～1 500 cm^{-1}区的谱峰可以解析为 10 种化合物振动吸收峰,它们的位置归属分别为:1 827 cm^{-1}和 1 801 cm^{-1}处归属于芳香族酸酐类振动吸收峰,1 776 cm^{-1}处归属于Ar—O—CO—R脂类振动吸收峰,1 753 cm^{-1}处归属于 R—O—CO—R 脂类振动吸收峰,1 739 cm^{-1}处归属于 Ar—O—CO—Ar 脂类振动吸收峰,1 712 cm^{-1}处归属于芳香醛类振动吸收峰,1 701 cm^{-1}处归属于芳香酸类振动吸收峰,1 677 cm^{-1}处归属于芳香醌类振动吸收峰,1 650 cm^{-1}处归属于醌类振动吸收峰,1 615 cm^{-1}处归属于芳香 C＝C 振动吸收峰,1 575 cm^{-1}处归属于羧酸根离子振动吸收峰。

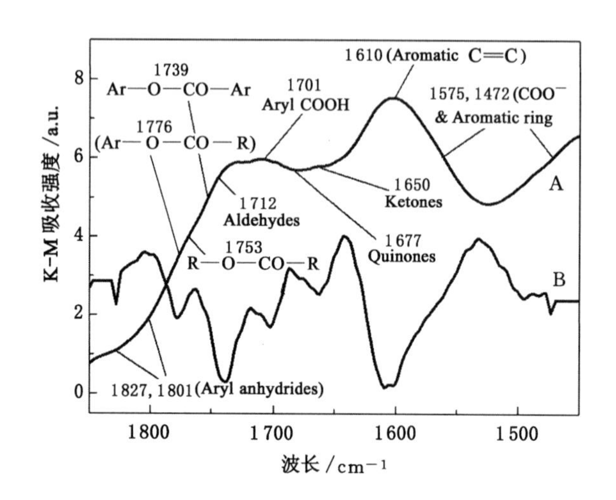

图 5-5　SD 煤 1 850～1 500 cm^{-1}红外吸收振动区间解析光谱

A——原始谱图；B——二阶导光谱

依据这三种煤的谱图解析结果,分别对其 1 850～1 500 cm^{-1}区进行分峰拟合,结果如图 5-6 所示。每个吸收振动峰的面积显示在表 5-2 中。从表 5-2 可以看出,XM 煤 C＝O 吸收峰总面积为 910.20 a.u.,约为 ZZ 煤的 2 倍,说明 XM 煤比其他两种煤含有更多的含 C＝O 类化合物。XM 煤、SD 煤和 ZZ 煤中芳香 C＝C 吸收振动峰面积占各自总面积比例分别为 21.3%、26.2%和 37.2%,这与煤种变质程度相吻合,变质程度高的煤中含有更多的芳香环结构和较少的含氧官能团。脂类化合物以 Ar—O—C(O)—Ar 为主,XM 煤、SD 煤和 ZZ 煤中 Ar—O—C(O)—Ar 脂类分别占脂类总面积的 56.1%、59.8%和 71.55%。随着煤种变质程度的增加,Ar—O—C(O)—Ar 脂类的百分含量呈现出增加的趋势。另外,XM 煤、SD 煤和 ZZ 煤中 Ar—O—C(O)—R 脂类都较少,分别占脂类总面积的 9.1%、8.6%和 2.6%。

表 5-2　三种原煤 1 850～1 500 cm^{-1}吸收振动区各个吸收峰面积

煤种	酸根离子	芳香 C＝C	芳香酮类	芳香醌类	芳香酸类	芳香醛类	芳香脂类	芳香酸酐	总面积/a.u.
XM 煤	249.49	194.14	93.92	88.85	99.39	68.08	103.33	13.00	910.20
SD 煤	230.29	197.17	67.18	72.31	58.86	38.93	80.51	6.67	751.93
ZZ 煤	120.67	177.42	42.34	31.57	32.96	29.12	38.14	5.11	477.32

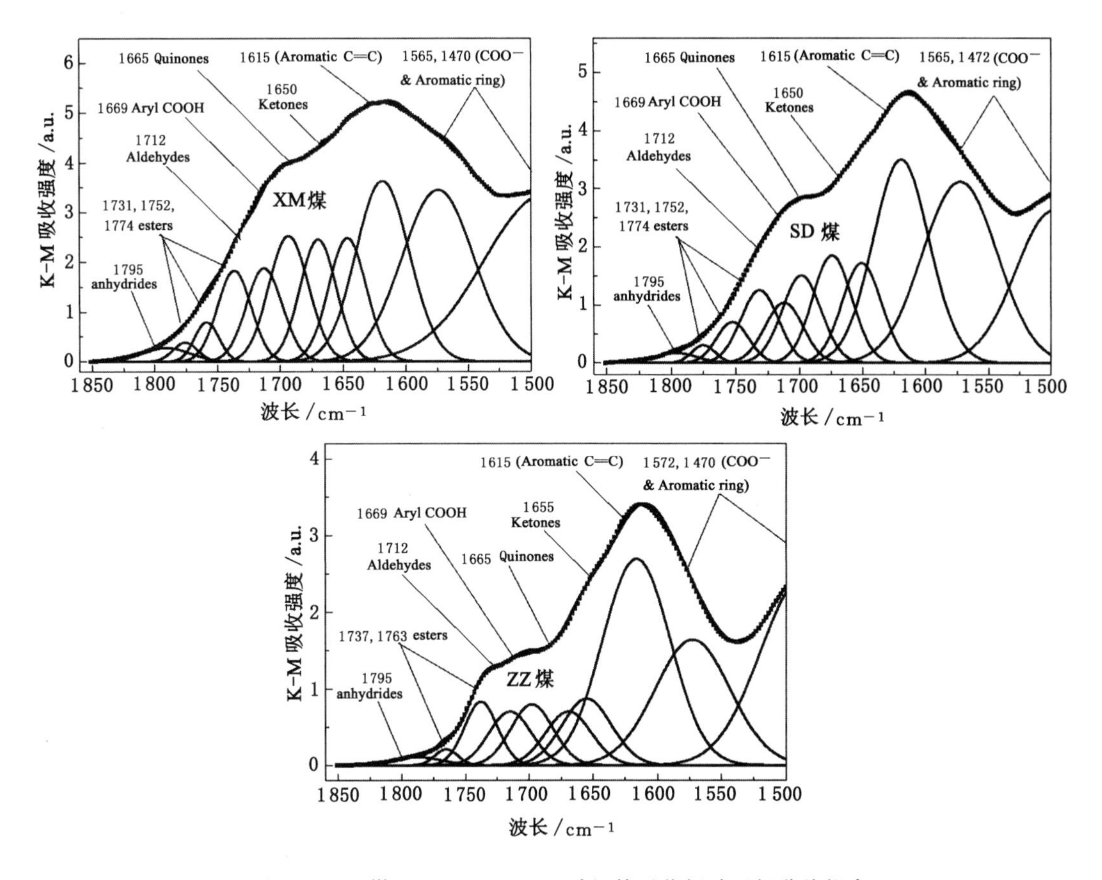

图 5-6 SD 煤 1 850～1 500 cm^{-1}红外吸收振动区间分峰拟合

5.2 程序升温氧化过程中官能团的变迁

5.2.1 脂肪族 C—H 组分转化规律

如图 5-3 所示，脂肪族 C—H 组分主要存在五个吸收峰：甲基非对称性振动峰，亚甲基非对称性振动峰，烷烃基 C—H 振动峰，甲基对称性振动峰和亚甲基对称性振动峰。而非对称性振动吸收强度大于对称性振动吸收强度，因此可利用甲基和亚甲基非对称性振动吸收峰的变化规律来研究煤低温氧化过程中脂肪性 C—H 活性基团的转化规律。在程序升温过程中，由于原位池内煤样的信号强度会随着煤样温度的升高而发生变化，造成不同温度下的煤样测试信号强度是不同的。然而在煤低温氧化过程中，芳香 C＝C 含量基本不发生变化[1,2,6]，因此可利用芳香 C＝C 吸收峰强度作为一个定量标准，对各个温度下测定的各个吸收峰强度进行规范化。同时，为了便于研究煤低温氧化过程中脂肪族 C—H 组分随氧化温度变化规律，需要对规范化后的吸收峰强度进行标准化，标准化方法为每一个温度下的经过基线校正和规范化的信号强度除以原煤的信号强度。

XM 煤、SD 煤和 ZZ 煤的甲基和亚甲基非对称性振动吸收峰强度随氧化温度的变化规律如图 5-7 所示。从图 5-7 可以看出，三种煤样的甲基和亚甲基的转化速率呈现出明显的阶段性

(三个阶段),这表明在煤自燃的不同阶段,所涉及的反应是不同的。然而对于不同变质程度煤种,这三个阶段的变化规律不同:对于变质程度较低的 XM 煤和 SD 煤,其甲基和亚甲基转化速率随着氧化温度的增加呈现出先降低后增加的趋势;而对于变质程度较高的 ZZ 煤,其甲基和亚甲基转化速率随着氧化温度的增加表现出一直增加的趋势。如果每两个阶段的交叉温度点可以定义为一个临界温度,那么这三个阶段有两个临界温度点。XM 煤、SD 煤和 ZZ 煤三种煤的第一个临界温度点分别为:70 ℃、80 ℃和 125 ℃,可见随着煤变质程度的增加,其临界温度表现出明显的增加趋势。然而这三种煤样的第二个特征温度点都在 175 ℃左右,与煤种特性无关。这些结果表明,不同煤种自燃过程的差别主要表现在前两个阶段。同时从图 5-7 还可以看出,这三种煤亚甲基转化速率都大于甲基的转化速率,说明在煤自燃过程中,亚甲基的氧化活性要明显高于甲基的活性。从不同煤种来看,XM 煤亚甲基转化率在前两个阶段明显高于 SD 煤和 ZZ 煤,而 SD 煤甲基和亚甲基转化率分别在第二阶段和第三个阶段超过 XM 煤,正是由于这些不同从而引起这三种煤低温氧化行为的差别。

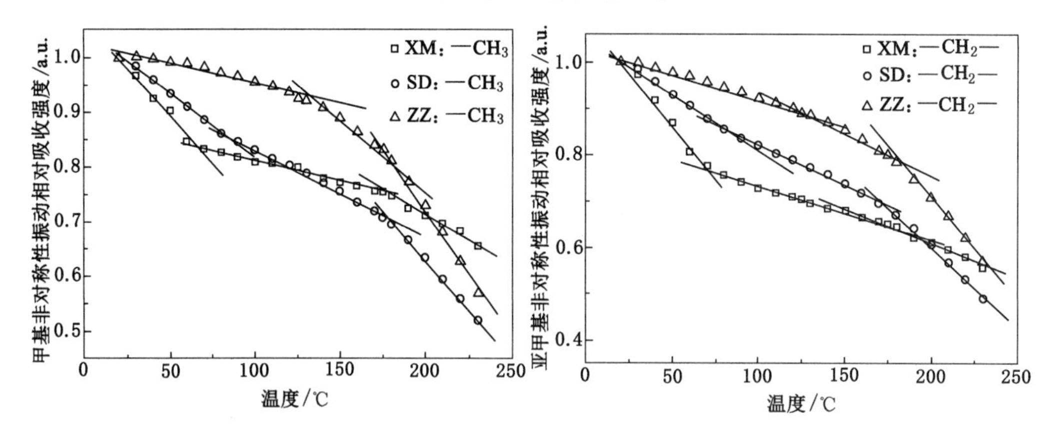

图 5-7　程序升温氧化过程中三种煤中—CH_3 和—CH_2—基团的转化规律

5.2.2　含羰基类化合物转化规律

在 1 850～1 500 cm^{-1}区主要存在 9 种含 C ═ O 化合物吸收振动峰,主要包含有芳香族酸酐、脂类、醛类、酸类、醌类、酮类和羧酸根离子,通过去卷积的方法得出了每个吸收峰的位置。为了消除由于升温所带来的吸收强度偏差,需要对每个吸收峰强度进行规范化,方法为每个吸收峰强度除以芳香 C ═ C 吸收峰强度。经过规范化的 XM 煤、SD 煤和 ZZ 煤含羰基化合物在煤程序升温氧化过中的变化规律分别如图 5-8、图 5-9 和图 5-10 所示。

对比分析可以发现:不同类型的含 C ═ O 类化合物在煤低温氧化过程中呈现出不同的变化规律,这与其赋存形态及生成途径有关;同时煤种对含羰基的化合物变迁规律有很大的影响,不同煤种中相同类型的含 C ═ O 类化合物演化规律存在明显差别;并且这些含羰基的化合物之间也存在相互转化的可能,从而增加了变化规律的复杂性。

这三种煤中的含 C═O 类化合物在程序升温氧化过程中的转化规律可归纳为以下五个方面:

(1) 芳香酮类、芳香醌类和芳香酸类化合物的含量在煤低温氧化过程中的变化最为显著,并且表现出与煤种的相关性。对于变质程度较低的 XM 煤和 SD 煤,这三类化合物含量呈现出先降低后增加的趋势;而对于变质程度较高的 ZZ 煤,仅芳香酮类含量呈现出先降低

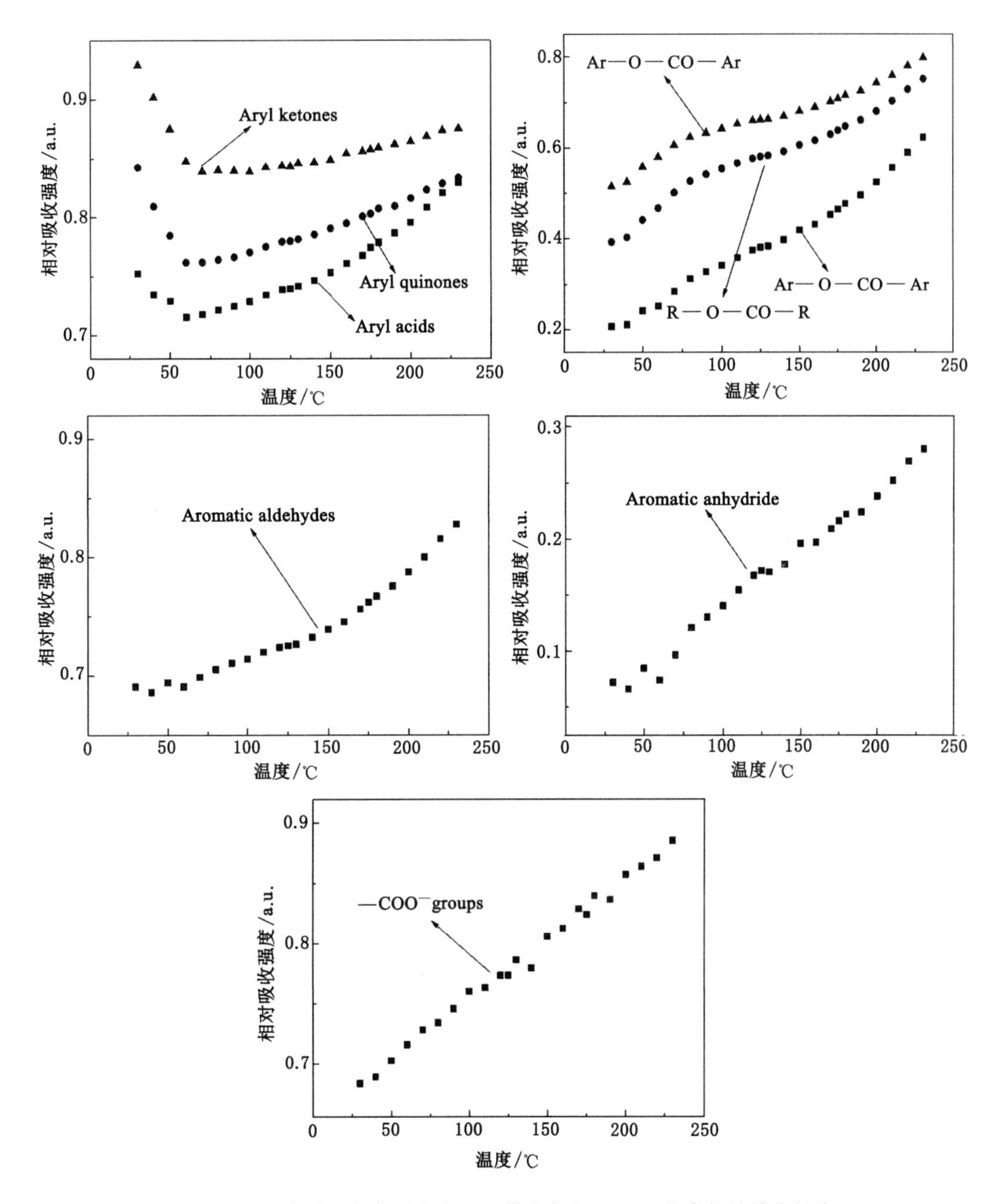

图 5-8 程序升温氧化过程中 XM 煤中各含 C ═ O 化合物的转化规律

后增加的趋势。ZZ 煤中芳香酸类含量在 80 ℃之前基本保持不变，当温度高于 80 ℃后其含量才开始增加；而芳香醌类在初始氧化阶段就表现出明显的增加趋势；当氧化温度高于 150 ℃，这两种化合物含量都呈指数形式的增加趋势，并且增加幅度明显高于 XM 煤和 SD 煤。这三类含 C ═ O 类化合物转化规律的差别，与煤种变质程度、原煤中这些化合物的含量以及赋存形式密切相关。对于变质程度较低的 XM 煤和 SD 煤，这三类化合物的含量在原煤中赋存含量相对较高，并且以较易分解的形式存在，因而在氧化初始阶段表现出含量降低的趋势。随着氧化温度的增加，当氧化过程中生成速率超过分解速率时，这三类化合物含量呈

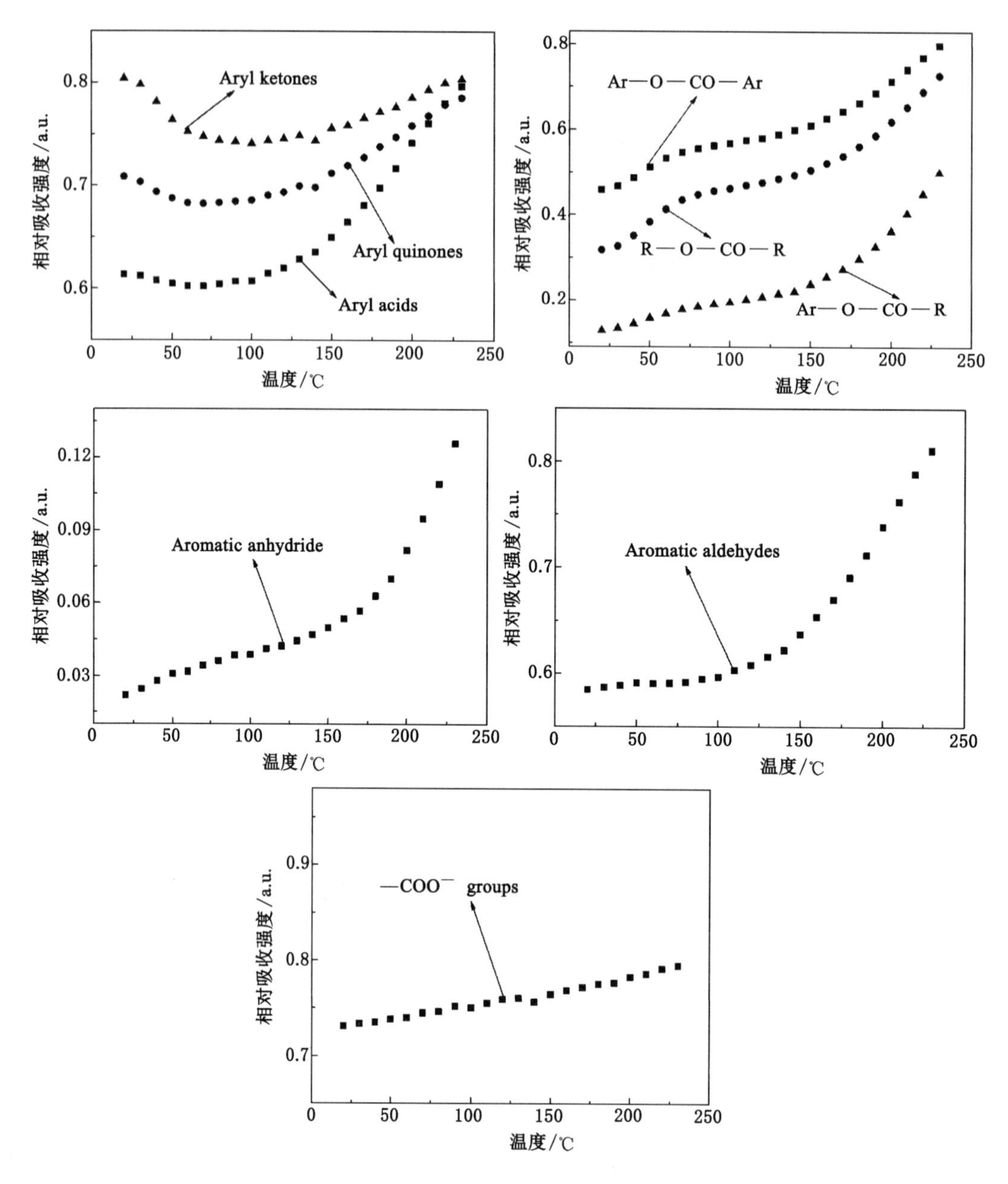

图 5-9　程序升温氧化过程中 SD 煤中各含 C═O 化合物的转化规律

现出增加的趋势。同时可以看出 XM 煤的拐点在 60 ℃左右，而 SD 煤的拐点在 80 ℃，也表现出明显的煤种相关性。并且在 230 ℃时这三种煤中芳香酮类、芳香醌类和芳香酸类含量基本接近，都处于 0.8 附近。

(2) 醛类化合物在三种煤低温氧化过程中的转化表现出相类似的规律。尽管 XM 煤和 SD 煤中醛类含量明显高于 ZZ 煤，但在氧化初始阶段没有表现出含量降低的趋势。这三种煤醛类含量在初始氧化阶段基本上保持不变，当氧化温度高于 70 ℃时其含量表现出明显增加的趋势，并且在 230 ℃都达到 0.8 左右，但不同煤种增加的幅度是不同的，以 SD 煤增加幅度最大。

(3) 脂类化合物在三种煤低温氧化过程中的转化也表现出相类似的变化规律。这三种

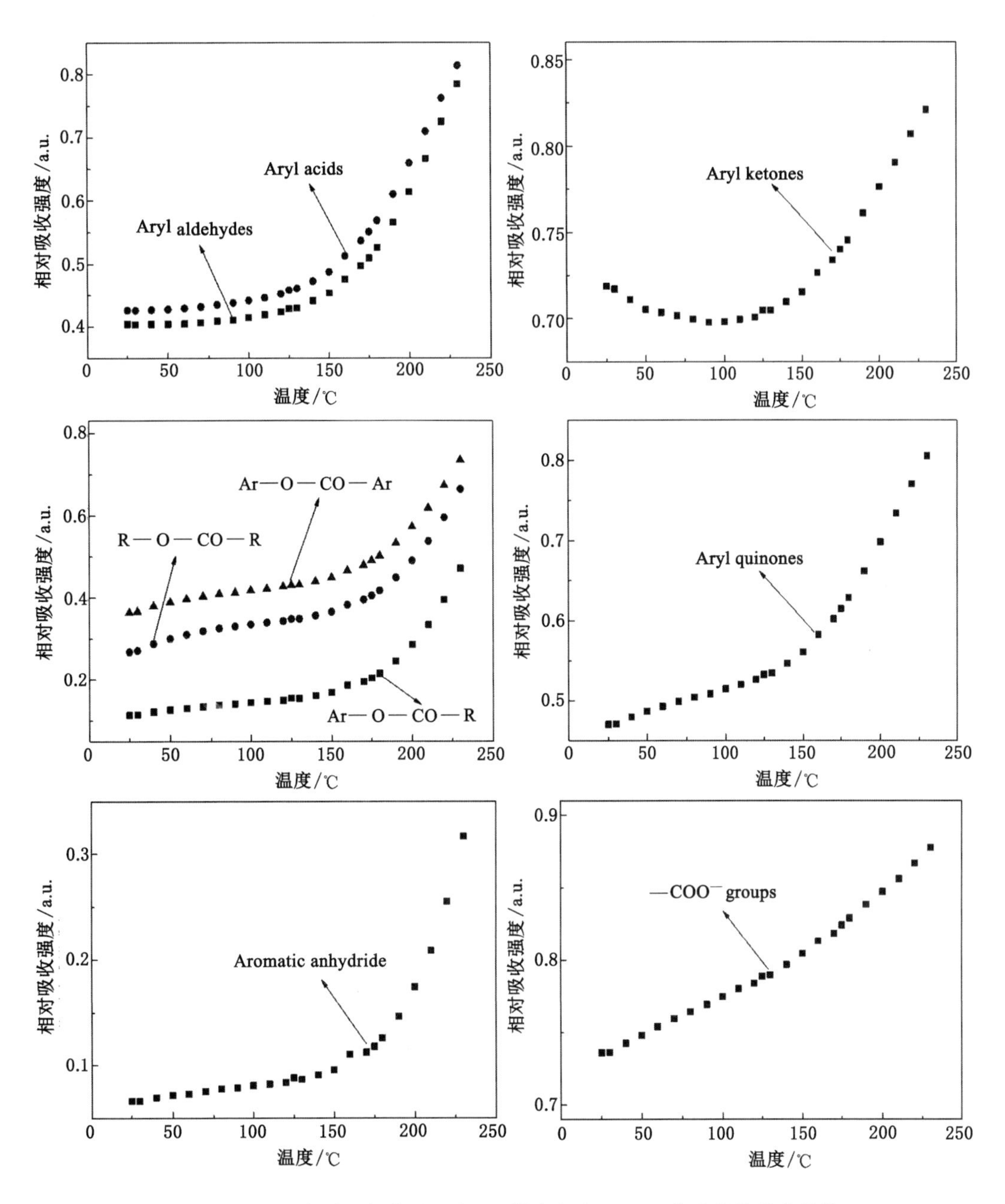

图 5-10　程序升温氧化过程中 ZZ 煤中各含 C ═ O 化合物的转化规律

煤中脂类化合物的含量在整个程序升温氧化过程中表现增加的趋势，但增加速率呈现出先降低后增加的趋势。例如，当氧化温度达到 100 ℃后，XM 煤中脂类化合物含量增加速率明显降低，当温度达到 150 ℃后，其增加速率又迅速增加，然而增加速率小于第一个阶段的增加速率；对于 SD 煤和 ZZ 煤，当氧化温度达到 70 ℃时，脂类化合物增加速率明显降低，当温度达到 125 ℃时，其生成速率又迅速增加。总体来说，煤中的这三种类型的脂类，以 Ar—O—C(O)—Ar 类含量为最多，Ar—O—C(O)—R 含量为最少。

(4) 芳香酸酐在煤低温氧化过程中的变化规律表现出明显的与煤种的相关性。例如

XM 煤在程序升温氧化过程中，芳香酸酐含量呈现出近似线性增加的趋势，而对于 SD 煤和 ZZ 煤其含量呈现出阶段性增加趋势；并且 XM 煤和 ZZ 煤增加幅度明显高于 SD 煤。芳香酸酐在煤低温氧化过程中生成涉及芳香酸的聚合反应，因此其含量变化与芳香酸的含量密切相关，但其变化规律却与芳香酸的变化规律不同，这是由于芳香酸在煤低温氧化过程中涉及一系列反应，而酸酐化反应只是其中的一个转化途径。

(5) —COO^- 基团的含量在三种煤低温氧化过程中的变化趋势基本一致。随着氧化温度的增加，—COO^- 含量呈现出近似线性增加。但是不同煤种增加的幅度是不同的。在 XM 煤和 ZZ 煤中的增加量明显高于 SD 煤。这是由于—COO^- 生成过程涉及煤中矿物质与酸类的离子交换过程，而煤中碱金属和碱土金属易于与煤种酸类物质发生离子交换。因此认为，煤中碱金属和碱土金属的含量和形态是影响—COO^- 含量的一个重要因素，同时煤中羧酸含量也会影响—COO^- 的含量。

5.3 恒温氧化过程中官能团的变迁

为了进一步研究煤低温氧化过程中各活性组分含量的转化规律，使用原位傅里叶红外光谱仪对煤恒温氧化过程中各种官能团的含量进行了检测。某一氧化时刻氧化煤样的红外谱图与原煤谱图的差减谱图可以更清楚地反映在氧化过程中各活性官能团组分的变化趋势，XM 煤、SD 煤和 ZZ 煤在不同温度及不同氧化时间的差谱分别显示在图 5-11、图 5-12 和图 5-13 中。

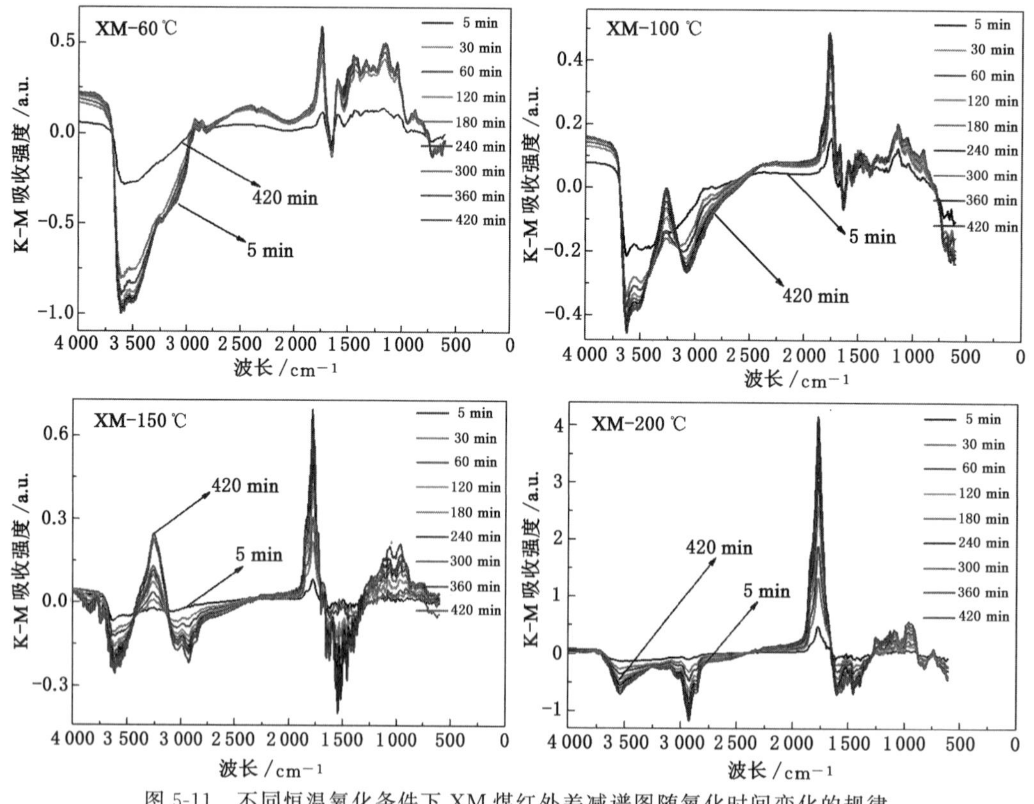

图 5-11　不同恒温氧化条件下 XM 煤红外差减谱图随氧化时间变化的规律

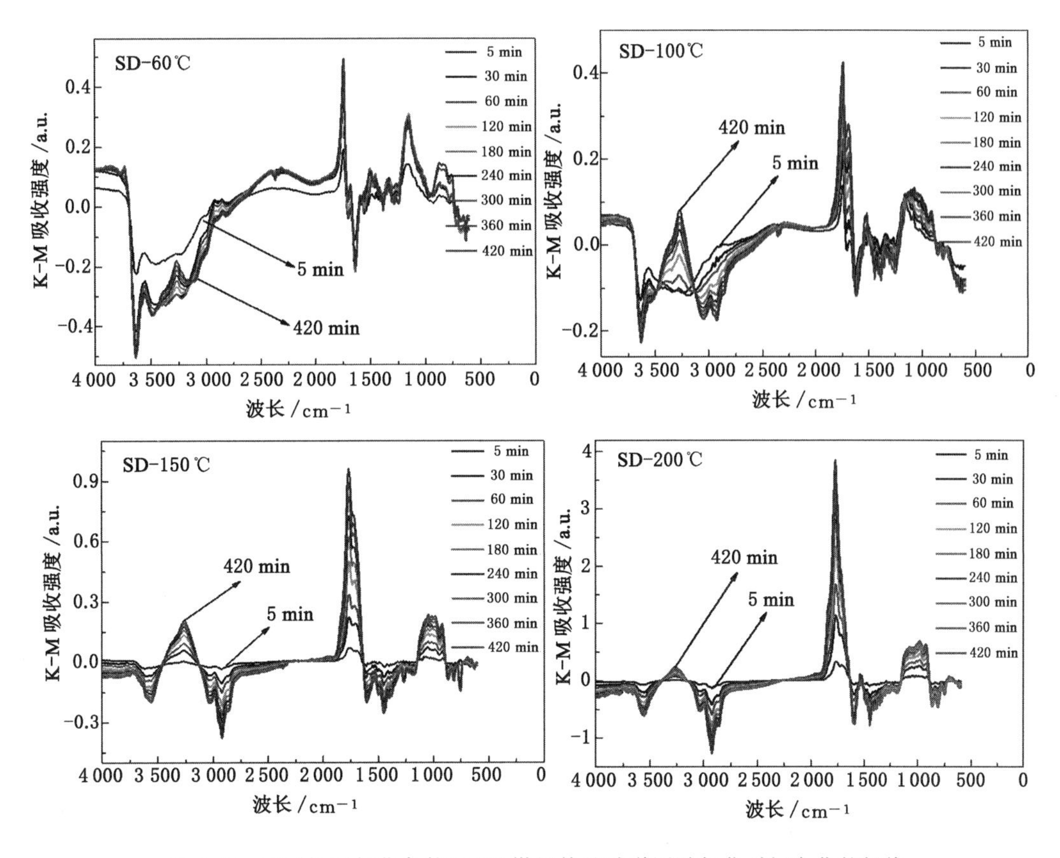

图 5-12　不同恒温氧化条件下 SD 煤红外差减谱图随氧化时间变化的规律

从图 5-11 所示的 XM 煤在不同恒温氧化条件下的红外差谱随氧化时间变化的规律可以看出，在煤氧化过程中红外谱图的变化主要发生在羟基吸收振动区间（3 575 cm^{-1}处和 3 262 cm^{-1}处）、脂肪族 C—H 吸收振动区间（3 000～2 800 cm^{-1}）、C ═ O 吸收振动区间（1 850～1 500 cm^{-1}）以及醇、酚和醚类 C—O 伸缩振动区间（1 200～1 000 cm^{-1}）。其中 3 575 cm^{-1}处归属于煤中水（包含外在水、内在水及结晶水）羟基吸收振动区[13]。随着氧化温度及氧化时间的增加，3 575 cm^{-1}处吸收强度降低，这对应于煤中水分的脱除过程。3 262 cm^{-1}处可归属于煤中羟基（包括酚羟基和醇羟基）吸收振动峰，其在煤氧化过程中表现出复杂的变化规律。在氧化温度低于 100 ℃条件下，煤中羟基表现出降低的趋势。当氧化温度高于 125 ℃时，煤中羟基含量呈现出增加的趋势，但是在不同温度下增加幅度是不同的，在 175 ℃时，增加幅度为最大；并且 200 ℃时煤中羟基含量增加的幅度明显小于 150 ℃。同时从图 5-11 可以看出，在 60 ℃恒温氧化条件下，含羰基类化合物就已表现出增加的趋势，随后随着氧化温度及氧化时间的增加，这些化合物含量迅速增加。脂肪族 C—H 组分含量在 60 ℃时变化不明显，当氧化温度达到 80 ℃时，其含量才有明显降低，并且随着氧化温度和氧化时间的增加，脂肪族 C—H 组分含量迅速降低。

从图 5-12 所示的 SD 煤在不同恒温氧化条件下的红外差谱随氧化时间变化的规律可以看出，与 XM 煤一样，在氧化温度低于 100 ℃条件下，煤中羟基表现出降低趋势。当氧化温度达到 125 ℃时，煤中羟基含量呈现出增加趋势，随着氧化温度继续增加，在氧化 7 h 条件

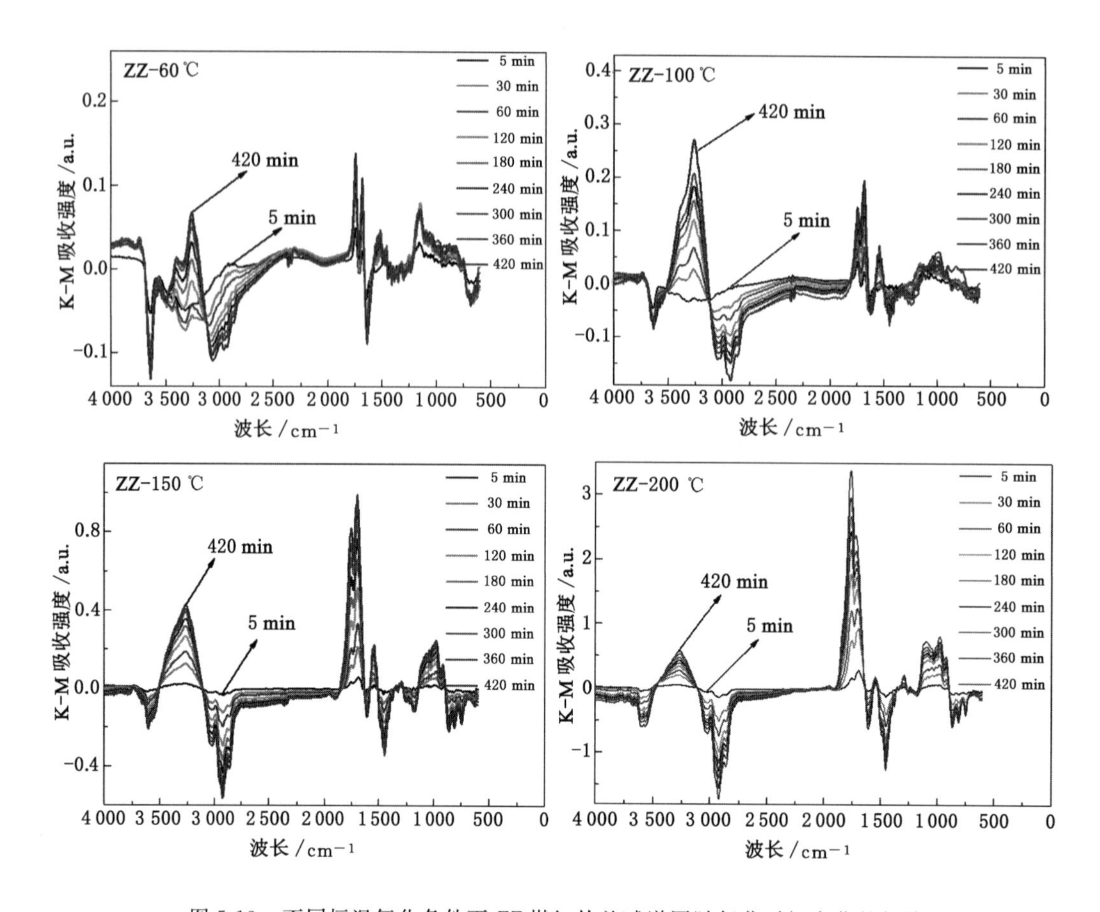

图 5-13　不同恒温氧化条件下 ZZ 煤红外差减谱图随氧化时间变化的规律

下煤中羟基含量基本不变，维持在 0.22 附近。SD 煤在 60 ℃氧化条件下，含羰基类化合物含量就表现出增加趋势，当氧化温度高于 100 ℃时，其含量明显增加，当氧化温度高于 125 ℃时，其增加幅度迅速增加。脂肪族 C—H 组分含量在 60 ℃时已表现出降低的趋势，并且随着氧化温度和氧化时间的增加，脂肪族 C—H 组分含量迅速降低。

从图 5-13 所示的 ZZ 煤在不同恒温氧化条件下红外差谱随氧化时间变化的规律可以看出，因 ZZ 煤中水分含量较少，其 3 575 cm^{-1}处吸收强度降低幅度比 XM 煤和 SD 煤小。在 60 ℃氧化条件下，煤中酚羟基和醇羟基含量就表现出增加的趋势，随后随着氧化温度增加，其含量迅速增加，在 200 ℃氧化条件下时，其含量在 0.56 左右，远高于 XM 煤和 SD 煤。然而 ZZ 煤含 C═O 类化合物含量在 60 ℃氧化条件下没有表现出增加趋势，当温度达到 125 ℃时，其含量才呈现出明显增加，随后随着氧化温度的增加，其含量迅速增加，但其含量小于 XM 煤和 SD 煤。其脂肪族 C—H 组分含量在 60 ℃时就表现出降低趋势，并且随着氧化温度和氧化时间增加，脂肪族 C—H 组分含量迅速降低。

综合以上分析，这三种煤中活性官能团在恒温氧化过程中的转化可概括为以下三个方面：

(1) 低变质程度的 XM 煤，由于含有较多水分，在氧化过程中表现出强烈脱水峰；在氧化过程中生成的羟基活性较高，容易参与到煤氧化反应过程中，例如生成醌类和脂类，而引起羟基含量呈现出波动的变化规律；XM 煤含 C ═ O 类化合物变化强度明显高于 SD 煤和 ZZ 煤，表明在 XM 煤低温氧化过程中，含 C ═ O 类化合物起着重要作用。

(2) 变质程度较高的 ZZ 煤，其水分含量较少，其脱水峰没有 XM 煤强烈；在氧化过程酚羟基及醇羟基含量呈现出增加的趋势，随着氧化温度的增加，没有表现出降低的趋势。这说明其氧化生成的羟基比较稳定，不易参与其他氧化反应，其增加量远高于 XM 煤和 SD 煤。同时 ZZ 煤在 60 ℃氧化条件下，其脂肪族 C—H 组分就表现出明显的降低；但羰基类在 60 ℃没有表现出变化趋势，当温度达到 125 ℃时，才呈现出明显的增加。

(3) 原煤活性组分含量分析表明 XM 煤中含有更多的含氧活性组分，而 SD 煤和 ZZ 煤含有更多的脂肪族 C—H 组分。因此可以得出，对于变质程度较低的 XM 煤，含氧官能团（包括酚类羟基、醇类羟基及含羰基类化合物）在其初级氧化阶段起到主要的作用，而对于变质程度较高的 SD 煤和 ZZ 煤，脂肪族 C—H 组分在其初级氧化阶段起到主要的作用。

5.3.1 脂肪族 C—H 组分转化的动力学特性

在煤低温氧化过程中，脂肪族 C—H 组分（包括甲基和亚甲基）含量呈现降低的趋势。这些脂肪族 C—H 组分会与空气中氧气发生氧化反应，生成各种含氧官能团。不同氧化温度下甲基和亚甲基的转化率随氧化时间的变化规律如图 5-14 所示。

从图 5-14 可以看出，不同煤种在不同氧化温度下甲基和亚甲基转化率随氧化时间变化表现相类似的规律。在初始氧化阶段，甲基和亚甲基转化率呈现抛物线降低的趋势；随着氧化时间的增加，转化率降低趋势逐渐变缓；并且随着氧化温度的增加，这种降低趋势更加明显，到达转折点所需要时间越短。从图 5-14 还可以看出，对于相同的煤种，亚甲基降低的强度大于甲基的变化强度，这再一次表明在煤氧化过程中亚甲基活性更高，更容易发生氧化反应。同时甲基与亚甲基转化率表现出与煤种相关性，例如 XM 煤在 200 ℃条件下氧化 7 h 转化率为 76.45%，而 ZZ 煤转化率为 69.34%，明显低于 XM 煤。

甲基和亚甲基在煤低温氧化及自燃过程中起着重要作用，它们的氧化反应动力学参数可以反映其氧化行为，反应动力学参数主要包括反应速率和活化能，与煤种特性密切相关的这些动力学参数可以为煤种自燃倾向性等级划分提供理论依据[14-16]。然而到目前为止，甲基和亚甲基在煤氧化过程中的动力学特性还尚不清楚。在煤低温氧化及自燃过程中，涉及两种反应物，煤和氧气，因此依据动力学反应方程（一级反应和二级反应）可进行甲基和亚甲基反应动力学特性的研究。

煤低温氧化反应过程中脂肪族 C—H 组分反应速率可表示为反应物浓度的函数，如式(5-1)所示：

$$-\frac{\mathrm{d}C}{\mathrm{d}t}=kC'' \tag{5-1}$$

$$-\frac{\mathrm{d}C}{C''}=k\,\mathrm{d}t \tag{5-2}$$

对式(5-2)左右两边分别积分：

$$-\int_{C_0}^{C} C^{-n}\,\mathrm{d}C=k\int_0^t \mathrm{d}t \tag{5-3}$$

其中，C_0 为原煤中甲基和亚甲基的含量；C 为氧化过程中某一时刻甲基和亚甲基的含量；n 为反应级数。通过积分和重组方程(5-3)可变为：

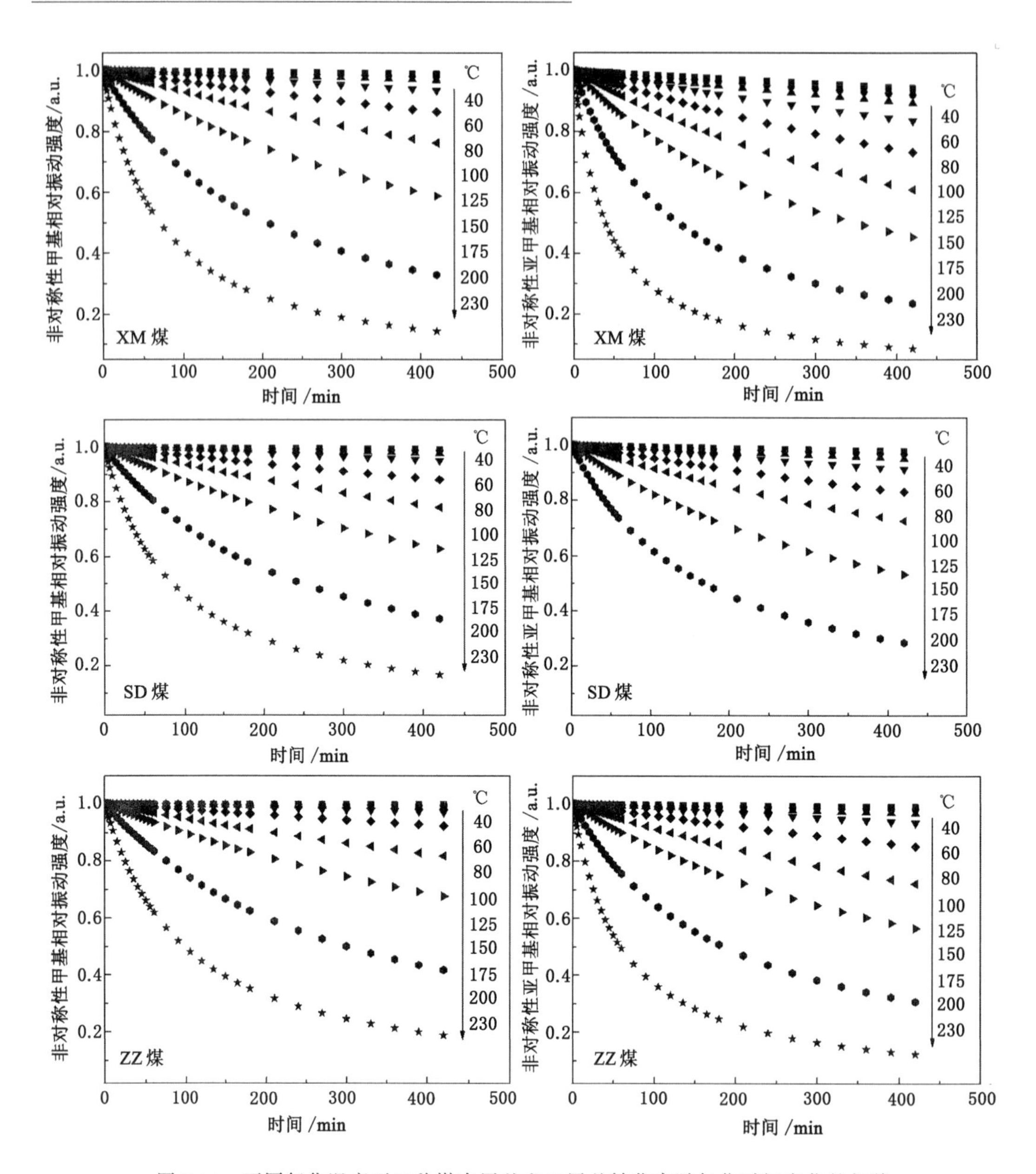

图5-14　不同氧化温度下三种煤中甲基和亚甲基转化率随氧化时间变化的规律

对于 $n=1$
$$\ln(C/C_0)=-kt \tag{5-4}$$

对于 $n=2$
$$1/C=-kt+1/C_0 \tag{5-5}$$

方程(5-5)可变为：

$$\frac{C_0}{C}=C_0kt+1 \tag{5-6}$$

当 $\ln C/C_0$ 与反应时间 t 为线性关系，反应即为一级反应；当 C_0/C 与反应时间 t 为线性关系时，反应为二级反应。通过一级反应模型和二级反应模型分别对甲基和亚甲基的数据进行作图。在200 ℃恒温氧化条件下的甲基和亚甲基的 $\ln C/C_0$ 和 C_0/C 与反应时间 t

的关系分别如图 5-15 和图 5-16 所示。

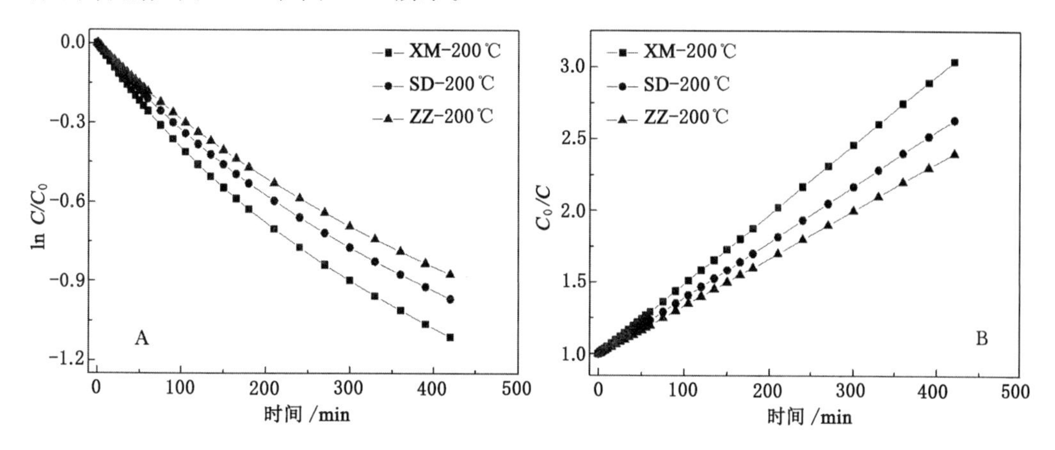

图 5-15 一级反应(A)和二级反应(B)方程分别对 200 ℃恒温氧化条件下三种煤中甲基转化率的拟合

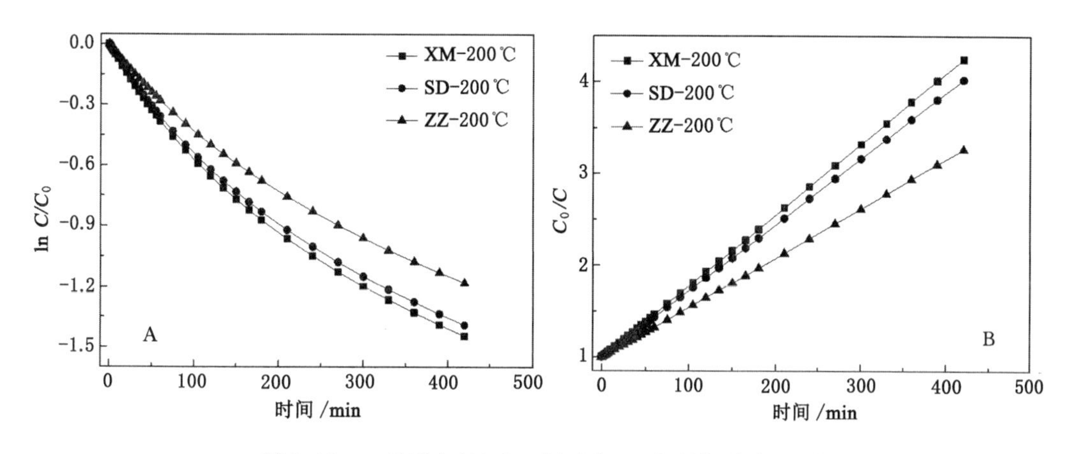

图 5-16 一级反应(A)和二级反应(B)方程分别对 200 ℃恒温氧化条件下三种煤中亚甲基转化率的拟合

通过图 5-15 和图 5-16 可以看出,甲基和亚甲基 C_0/C 与反应时间 t 具有明显的线性关系,而 $\ln C/C_0$ 与反应时间 t 表现出抛物线关系。这说明甲基和亚甲基与氧气反应遵循二级反应模型。依据 C_0/C 与时间 t 作图得到的直线斜率可以计算不同氧化温度下的比反应速率常数,计算结果如表 5-3 所示。

从表 5-3 可以看出,在 40 ℃条件下,脂肪族 C—H 组分就已发生氧化反应,尽管反应速率常数较低,数量级仅为 10^{-4}。随着氧化温度的增加,比反应速率成倍地增加,当温度达到 200 ℃时,比反应速率常数已增加到 10^{-2}。亚甲基的反应速率常数远大于甲基的反应速率,特别是在温度低于 80 ℃时,亚甲基反应速率为甲基反应速率的 3～5 倍,这说明在煤自燃初级阶段,主要发生的是亚甲基的氧化反应;随着氧化温度的增加,亚甲基反应速率约为甲基反应速率的 2 倍。不同煤种反应速率也有很大差别。从表 5-3 还可以看出,在相同的氧化温度下,甲基和亚甲基反应速率随着变质程度的增加而降低,这说明变质程度低的煤种,其脂肪族 C—H 组分具有较高的氧化活性;不同煤种之间亚甲基反应速率差别要大于甲基的差别;并且随着氧化温度的增加,这种差别就更加明显。

表 5-3　　甲基和亚甲基在不同氧化温度下的比反应速率常数

反应温度/℃	XM 煤（反应速率×10^{-4}）		SD 煤（反应速率×10^{-4}）		ZZ 煤（反应速率×10^{-4}）	
	亚甲基	甲基	亚甲基	甲基	亚甲基	甲基
40	2.70	0.52	0.88	0.20	0.41	0.08
60	3.83	0.96	1.45	0.46	0.76	0.20
80	5.29	1.46	2.46	0.78	1.45	0.44
100	8.82	3.16	4.85	1.96	3.08	1.30
125	16.35	7.06	10.8	5.17	7.81	3.70
150	28.70	14.00	21.59	12.01	17.38	10.04
175	81.86	47.77	72.03	36.95	52.30	32.58
200	220.93	138.8	205.75	111.09	153.81	95.12
230	727.24	409.24	589.19	351.01	487.37	293.61

反应速率与反应温度的关系可以用 Arrhenius 方程来描述,即为:

$$k = A\exp(-E_a/RT) \tag{5-7}$$

对方程式(5-7)两边求对数:

$$\ln k = \ln A - E_a/RT \tag{5-8}$$

依据式(5-8)可进行化学反应活化能的计算。$\ln k$ 对 $1/T$ 作图,根据直线的斜率就可以计算得到甲基和亚甲基氧化反应活化能 E_a。

对表 5-3 的数据进行 $\ln k$ 对 $1/T$ 作图,结果显示在图 5-17 中。从图 5-17 可以看到,对于这三种煤,无论是脂肪族甲基还是亚甲基,其 $\ln k$ 与 $1/T$ 关系都表现出明显的阶段性。即 $\ln k$ 与 $1/T$ 关系可以用三个线性片段进行分段描述,而不是简单的一条直线。这与前面的气相产物的释放规律相一致,也呈现出明显的阶段性。并且这三种煤甲基和亚甲基温度区间相一致。第一阶段为温度低于 80 ℃,第二个阶段温度为 80～150 ℃,第三个阶段温度为 150～230 ℃。因此 80 ℃和 150 ℃可作为煤自燃过程的两个临界温度点,影响着煤自燃进程。三个阶段意味着存在三类反应活化能,这表明在煤低温氧化过程中脂肪族 C—H 组分氧化反应活化能是发生变化的,而不能用一个活化能来评估这个自燃过程,即在煤自燃不同阶段所涉及的反应是不同的。同时从图 5-17 可以看出,对于同一种煤来说,随着氧化温度增加甲基和亚甲基的 $\ln k$ 差距在缩小,这表明随着氧化温度增加甲基与亚甲基之间反应活性差别在减少;并且对于不同煤种甲基或者亚甲基的 $\ln k$ 差距也在减小,这表明随着氧化温度的增加煤种特性的影响也在降低。

通过 Arrhenius 方程计算得到的这三种煤甲基和亚甲基在不同氧化阶段的反应活化能结果如图 5-18 所示。从图 5-18 可以看出,在同一煤种中甲基和亚甲基的第一阶段和第二阶段反应活化能相差较大,例如在第一阶段 XM 煤亚甲基氧化反应的活化能为 15.5 kJ/mol,而甲基氧化反应的活化能为 23.9 kJ/mol,相差 8.4 kJ/mol;在第一阶段 ZZ 煤亚甲基氧化反应的活化能为 29.3 kJ/mol,而甲基氧化反应的活化能为 38.8 kJ/mol,相差 9.5 kJ/mol;在第二个阶段

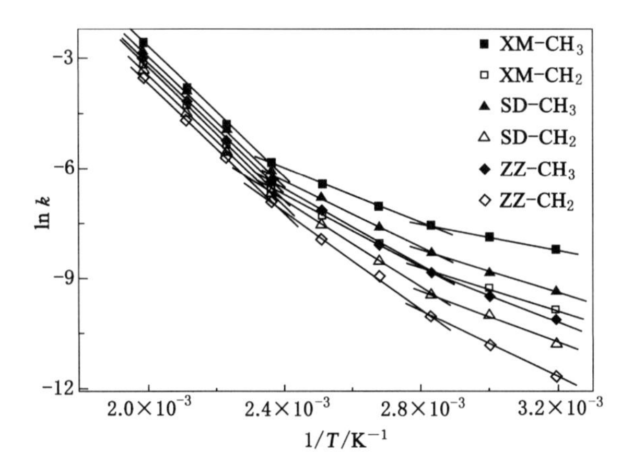

图 5-17　三种煤中甲基和亚甲基变化的 ln k 对 $1/T$ 作图

XM 煤亚甲基和甲基氧化反应的活化能相差 10.1 kJ/mol。而在第三个阶段这三种煤甲基和亚甲基氧化反应活化能相差不大。同时从图 5-18 还可以看出，各个阶段活化能与煤种密切相关。随着煤种变质程度的增加，各个阶段活化能呈现出增加的趋势。例如，在第一阶段 XM 煤亚甲基氧化反应的活化能比 ZZ 煤低 13.8 kJ/mol；在第二个阶段，XM 煤亚甲基氧化反应的活化能比 ZZ 煤低 14.6 kJ/mol。而在第三个阶段，这三种煤甲基和亚甲基的活化能都接近同一个值73.0 kJ/mol。这表明煤种特性影响主要体现在煤自燃过程的前两个阶段。综合以上研究结果可以看出，亚甲基在煤自燃初级阶段起着主导作用，随着氧化温度的增加，甲基和亚甲基反应活性差别在减小；不同煤种低温氧化特性的差别主要表现在甲基和亚甲基反应速率及反应活化能上，在低温氧化前两个阶段涉及不同的氧化反应，而在第三个阶段所发生的氧化反应比较接近。因此在评价不同煤种自燃倾向性差别时，应以前两个阶段的动力学参数作为理论依据。

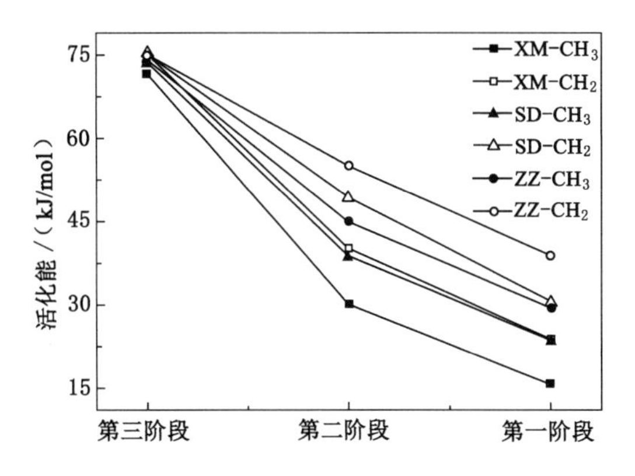

图 5-18　三种煤中甲基和亚甲基在三个阶段的活化能

5.3.2　羰基类化合物变化规律

XM 煤、SD 煤和 ZZ 煤分别在不同氧化温度下氧化 7 h 后得到的煤样的红外谱图经过分峰拟合，得出各种含 C ═ O 类化合物的含量，结果如图 5-19 所示。这些含 C ═ O 氧化物的含量随氧化温度的变化规律表现出明显的煤种相关性。通过对比可以发现如下规律：

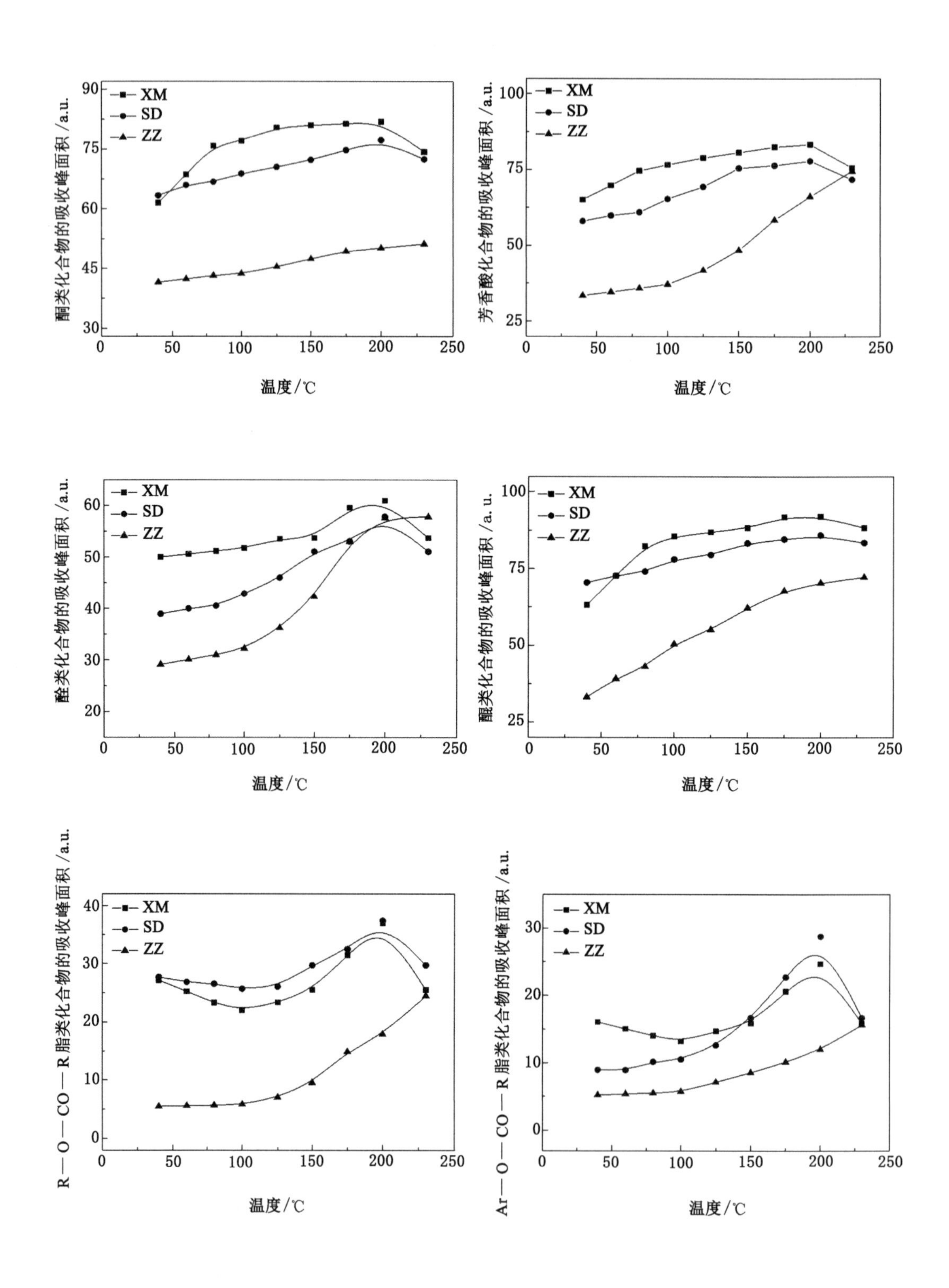

图 5-19 不同氧化温度下氧化 7 h 后三种煤中各种含 C═O 类化合物的含量

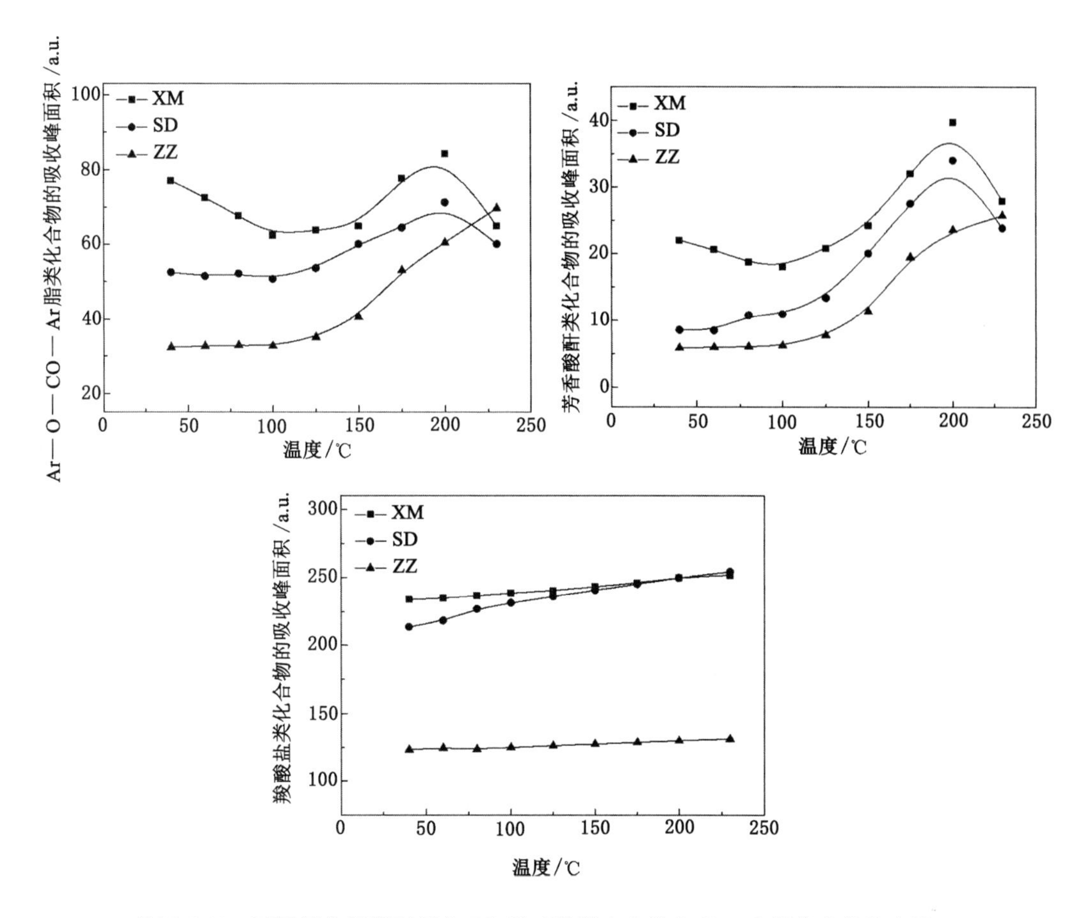

续图 5-19　不同氧化温度下氧化 7 h 后三种煤中各种含 C═O 类化合物的含量

(1) 在温度低于 100 ℃时,随着氧化温度的增加,XM 煤和 SD 煤中酮类和羧酸类化合物含量迅速增大,而 ZZ 煤基本不变;当氧化温度在 100～200 ℃时,XM 煤和 SD 煤中酮类和羧酸类化合物含量基本不变,而 ZZ 煤表现出迅速增加的趋势;当氧化温度高于 200 ℃时,XM 煤和 SD 煤中酮类和羧酸类化合物开始分解,而 ZZ 煤继续增加。这些结果表明,不同煤种酮类或者羧酸类化合物生成过程涉及不同的反应途径。酮类化合物的生成最有可能涉及煤中 α 位—CH_2—的氧化反应,而酸类化合物的生成不仅可以通过 α 位—CH_2—的氧化反应生成,而且可以通过醛类氧化生成。

(2) 在初始氧化阶段,这三种煤中醛类化合物含量基本不变,当温度高于 100 ℃时,三种煤中醛类化合物含量才迅速增加。这些结果表明醛类生成温度较高。这是由于煤低温氧化过程中醛类化合物的生成主要通过煤中甲基氧化反应生成,而甲基反应活性较低,在较高温度下才能发生氧化反应生成醛类。

(3) 在温度低于 100 ℃时,三种煤中醌类化合物表现出迅速增加的趋势,当氧化温度高于 100 ℃时,醌类化合物增加趋势变缓。这些结果表明醌类在较低温度下就容易生成,而且醌类生成至少涉及两种途径。在温度低于 100 ℃时,醌类化合物主要通过氢化芳香环结构中的 α 位—CH_2—氧化反应生成;当氧化温度高于 100 ℃时,过氢化芳香环结构中的 α 位

—CH_2—基本被消耗完，醌类化合物主要通过酚羟基氧化反应生成。

(4) 在温度低于 100 ℃时，随着氧化温度的增加，XM 煤和 SD 煤中脂类及酸酐类化合物含量表现出降低趋势，而 SD 煤脂类及酸酐类化合物含量基本不变；在 100～200 ℃温度范围内，这三种煤中脂类及酸酐类化合物含量都呈现出增加的趋势，而 ZZ 煤增加速率相对较快。当氧化温度高于 230 ℃时，XM 煤和 SD 煤中脂类及酸酐类化合物含量又表现出降低趋势，而 ZZ 煤继续增加，并且在 230 ℃时已超过 XM 煤和 SD 煤中脂类及酸酐类化合物含量。一般来说，煤中脂类化合物的生成与煤中羧酸含量有关，但是脂类化合物还可以通过与氧原子相连的 α 位亚甲基氧化生成，同时脂类化合物和羧酸类化合物还存在相互转化的可能。

(5) XM 煤和 SD 煤中羧酸根离子随着氧化温度的增加而增加，并且 SD 煤增加速率大于 XM 煤，而 ZZ 煤中羧酸根离子含量基本不变。煤低温氧化过程中羧酸根离子主要通过羧酸与煤中碱土金属离子交换生成，因此羧酸根离子与煤中羧酸含量和碱土金属含量密切相关。

综合上面的分析可以得出煤低温氧化的主要产物与氧化温度和煤种特性密切相关。在 100 ℃之前，这三种煤主要氧化产物为酮类化合物、醌类化合物以及羧酸类化合物，表明这三种氧化产物在较低温度就能生成，暗示着生成这些化合物组分的脂肪族 C—H 组分(例如，Ar—CH_2—Ar 和—O—CH_2—Ar 等)活性较高。煤中醌的生成主要是通过氧气进攻氢化芳香环结构。当温度高于 150 ℃时，XM 煤和 SD 煤中的酮类化合物、醌类化合物以及羧酸类化合物含量增加缓慢，当温度高于 200 ℃时，这三种化合物含量呈现出降低趋势。然而这三种煤脂类含量迅速增加，特别是 Ar—CO—O—Ar 含量增加速率最快，这说明升高温度，有助于脂类的生成；煤中脂类的来源一方面来自于煤中活性组分直接氧化反应，另一种途径由氧化过程中的羧酸与羟基的缩合反应，而 XM 煤中脂类生成最有可能的途径为直接氧化，而 SD 煤中脂类生成最有可能主要是通过羧酸转化而来。

5.4 本章小结

通过原位傅里叶红外漫反射光谱对原煤和低温氧化过程(包括程序升温及恒温氧化)中脂肪族 C—H 组分和含 C＝O 化合物转化规律的研究，以及对不同特性煤种的考察，探讨了煤低温氧化行为，得到的主要结论如下：

(1) 三种不同变质程度的原煤红外谱图结果表明，变质程度较低的 XM 煤中含有更多含 C＝O 类官能团，而 SD 煤和 ZZ 煤中含有更多的脂肪族 C—H 组分，这些差别决定了不同煤种低温氧化行为的不同。

(2) 在程序升温氧化和恒温氧化过程中，三种煤样的甲基和亚甲基的转化速率呈现出明显的阶段性(三个阶段)。从不同煤种来看，XM 煤亚甲基转化率在前两个阶段明显高于 SD 煤和 ZZ 煤，而 SD 煤甲基和亚甲基转化率分别在第二阶段和第三个阶段超过 XM 煤。

(3) 在恒温氧化过程中甲基和亚甲基与氧气的反应可用二级反应模型来描述。通过 Arrhenius方程计算得到的甲基和亚甲基转化过程可分为三个阶段：40～80 ℃、80～150 ℃、150～230 ℃。每个阶段具有不同的活化能，表现出不同的反应活性，这表明在煤自燃不同阶段所涉及的反应是不同的。

(4) 亚甲基在煤自燃初级阶段起着主导作用，随着氧化温度增加，甲基和亚甲基反应活性差别减小；不同煤种低温氧化特性的差别主要表现在甲基和亚甲基反应速率及反应活化能上，在低温氧化前两个阶段涉及不同的氧化反应，而在第三个阶段所发生的氧化反应比较接近。因此在评价不同煤种自燃倾向性差别时，应以前两个阶段动力学参数作为理论依据。

(5) 煤低温氧化过程中不同含 C＝O 化合物转化途径是不同的，与煤种具有相关性。酮类、羧酸类和醌类氧化产物在较低温度就能生成，这暗示着生成这些化合物组分的脂肪族 C—H 组分活性较高。酮类化合物的生成最有可能涉及煤中 α 位—CH_2—氧化反应，而酸类化合物的生成不仅可以通过 α 位—CH_2—氧化反应生成，而且可以通过醛类氧化生成。煤低温氧化过程中醛类化合物的生成主要通过煤中甲基氧化反应生成，而甲基反应活性较低，在较高温度下才能发生氧化反应生成醛类。在温度低于 100 ℃时，醌类化合物主要通过氢化芳香环结构中的 α 位—CH_2—氧化反应生成；当氧化温度高于 100 ℃时，过氢化芳香环结构中的 α 位—CH_2—基本被消耗完全，醌类化合物主要通过酚羟基氧化反应生成。

(6) 在 100 ℃之前，这三种煤氧化产物主要为酮类化合物、醌类化合物以及羧酸类化合物。当温度高于 150 ℃时，XM 煤和 SD 煤中的酮类化合物、醌类化合物以及羧酸类化合物含量增加缓慢，而这三种煤脂类含量迅速增加，特别是 Ar—CO—O—Ar 含量增加速率最快，脂类化合物为主要氧化产物。

参考文献

[1] LOPEZ D. Effect of low-temperature oxidation of coal on thdrogen-transfer capability [J]. Fuel，1998，77(14)：1623-1628.

[2] AZIK M，YURUM Y，GAINES A. Air oxidation of Turkish Beypazari lignite. 1. Changes of structural characteristics in oxidation reactions at 150 ℃[J]. Energy Fuels，1993，7：367-372.

[3] YÜRÜM Y，ALTUNTAŞ N. Air oxidation of Beypazari lignite at 50 °C，100 °C and 150 ℃ [J]. Fuel，1998，77(15)：1809-1814.

[4] GETHNER J S. The mechanism of the low temperature oxidation of coal by O_2：observation and separation of simultaneous reactions using in situ FT-IR difference spectroscopy[J]. Applied Spectroscopy，1987，41：50-63.

[5] WANG H H，DLUGOGORSKI B Z，KENNEDY E M. Coal oxidation at low temperatures：oxygen consumption，oxidation products，reaction mechanism and kinetic modelling[J]. Progress in Energy and Combustion Science，2003，29：487-513.

[6] WANG G H，ZHOU A N. Time evolution of coal structure during low temperature air oxidation[J]. International Journal of Mining Science and Technology，2012，22：517-521.

[7] 王继仁，金智新，邓存宝. 煤自燃量子化学理论[M]. 北京：科学出版社，2007.

[8] 王继仁，邓存宝. 煤微观结构与组分量质差异自燃理论[J]. 煤炭学报，2007，32(12)：1291-1296.

[9] 翁诗甫. 傅里叶变换红外光谱分析[M]. 北京：化学工业出版社，2010.

[10] TAHMASEBI A, YU J, HAN Y, et al. Study of chemical structure changes of Chinese lignite upon drying in superheated steam, microwave, and hot air[J]. Energy Fuels, 2012, 26: 3651-3660.

[11] TAHMASEBI A, YU J, BHATTACHARYA S. Chemical structure changes accompanying fluidized-bed drying of Victorian brown coals in superheated steam, nitrogen, and hot air[J]. Energy Fuels, 2013, 27: 154-166.

[12] IBARRA J V, MUÑOZ E, MOLINER R. FTIR study of the evolution of coal structure during the coalification process[J]. Organic Geochemistry, 1996, 24: 725-735.

[13] MIURA K, MAE K, HASEGAWA I, et al. Estimation of hydrogen bond distributions formed between coal and polar solvents using in situ IR technique[J]. Energy Fuels, 2002, 16: 23-31.

[14] 陆伟，王德明，仲晓星，等. 基于活化能的煤自燃倾向性研究[J]. 中国矿业大学学报，2006，35(2)：201-205.

[15] 刘剑，王继仁，孙宝铮. 煤的活化能理论研究[J]. 煤炭学报，1999，24(3)：316-320.

[16] 刘剑，陈文胜，齐庆杰. 基于活化能指标煤的自燃倾向性研究[J]. 煤炭学报，2005，30(1)：67-70.

CHAPTER 6

煤低温氧化过程中的元素迁移转化

煤低温氧化是一个复杂的过程，涉及一系列反应步骤，包括煤对氧气的化学吸附、中间络合物的生成、不稳定中间络合物的分解、气相产物和热量的释放以及稳定氧化物的形成等[1-4]。尽管不同研究者从不同方面研究煤的低温氧化过程，然而有关煤低温氧化反应热力学和动力学特性方面的研究还鲜有报道。这是因为一方面煤的低温氧化反应的复杂性，另一方面煤组成成分的复杂性，从而无法用传统方法去研究煤低温氧化反应热力学和动力学特性。一般来说，煤低温氧化主要发生在有机大分子结构中，参与反应的物质就是组成煤的主要元素，这些元素包括 C、H、O、S 和 N。这些元素的迁移转化在煤低温氧化过程中发挥着重要作用。基于此，本研究将煤复杂的有机体以其最基本的组成元素 C、H、O、S 和 N 作为单体，分别研究这些元素在煤低温氧化过程中的变迁规律和反应动力学特性，然后借助于中间化合物理论，分析煤低温氧化过程中的热力学特性。煤低温氧化动力学特性及热力学特性的研究对揭示煤自燃机理具有重要意义。

6.1 理论基础

6.1.1 中间络合物理论

已有研究表明，煤低温氧化过程涉及固体中间络合物，即所谓的过氧化氢和过氧化物等。这些中间络合物的生成和分解行为对煤的自燃过程具有重要的作用。目前普遍认为这些过氧化物络合物主要存在于煤分子脂肪族及芳香族结构中，这些中间复合物主要包括：酚羟基(phenolic—OH)，羧酸(—COOH)，羰基类化合物(—C ═ O)等。在氧化过程中，这些氧化物会发生脱羧反应和脱羰基反应，进而释放气相产物，例如 CO_2，CO 和 H_2O 等[1-4]。中间络合物理论可以把煤低温氧化反应的活化能(E_a)和反应内能(ΔU^*)关联起来[5-7]，因此应用中间络合物理论可用于煤低温氧化动力学及热力学特性。

中间络合物反应特性可以依据热力学反应函数进行解释。依据中间络合物理论，中间络合物生成的反应平衡常数(K_c^*)和中间络合物分解成反应产物频率(v^*)可分别通过式(6-1)和式(6-2)表示。

$$K_c^* = \frac{C^* C^o}{C_{\text{Coal}-X} C_{O_2}} \tag{6-1}$$

$$v^* = \left(\frac{kT}{h}\right) C^* \tag{6-2}$$

式中,k 为玻尔兹曼常数,1.381×10^{-23} J·K^{-1};h 为普朗克常数,6.626×10^{-34} J·s;T 为反应温度,K;C^o 为中间络合物的标准态浓度,通常为 1 mol/dm^3,因此可以被忽略。

中间络合物的生成反应速率常数可以表示为:

$$-\frac{\mathrm{d}C_{\text{Coal}-X}}{\mathrm{d}t} = KC_{\text{Coal}-X} C_{O_2} = v^* C^* \tag{6-3}$$

或者

$$K\frac{C^*}{K_c^*} = \left(\frac{kT}{h}\right) C^* \quad \text{或} \quad K = \left(\frac{kT}{H}\right) K_c^* \tag{6-4}$$

另外,$\Delta C^{o*} = \left(\frac{kT}{h}\right) C^*$ 和 $\Delta G^{o*} = \Delta H^{o*} - T\Delta S^{o*}$。 (6-5)

因此,方程(6-4)可以写成:

$$K = \left(\frac{kT}{h}\right) \mathrm{e}^{\frac{-\Delta G^{o*}}{RT}} = \left(\frac{kT}{h}\right) \mathrm{e}^{\frac{-\Delta S^{o*}}{R}} \times \mathrm{e}^{\frac{-\Delta H^{o*}}{RT}} \tag{6-6}$$

与温度相关的反应速率常数可以通过对方程(6-4)两边求对数和微分得到:

$$\frac{\mathrm{dln}\ K}{\mathrm{d}T} = \frac{1}{T} + \frac{\mathrm{dln}\ K_c^*}{\mathrm{d}T} \tag{6-7}$$

式中,K_c^* 为反应平衡常数。依据 van't Hoff 等容线:

$$\frac{\mathrm{dln}\ K_c^*}{\mathrm{d}T} = \frac{\Delta U^*}{RT^2} \tag{6-8}$$

因此,方程(6-7)可变为:

$$\frac{\mathrm{dln}\ K}{\mathrm{d}T} = \frac{1}{T} + \frac{\Delta U^*}{RT^2} \tag{6-9}$$

或者

$$\frac{\mathrm{dln}\ K}{\mathrm{d}T} = \frac{RT + \Delta U^*}{RT^2} \tag{6-10}$$

因此,Arrhenius 活化能方程式可以表示为:

$$E_a = RT + \Delta U^* \tag{6-11}$$

同理,$\Delta H^* = \Delta U^* + \Delta(PV)^*$

由于煤氧化中间络合物为固体,因此 $\Delta(PV)^*$ 在常压下非常小,可以被忽略。

对于固相反应系统:

$$\Delta H^* = \Delta U^* \tag{6-12}$$

其中,ΔH^* 为反应焓变。

因此,体系活化能可以通过 ΔH^* 进行计算,即:

$$E_a = RT + \Delta H^* \tag{6-13}$$

同时把 ΔH^* 值代入方程(6-6)中，活化熵值 ΔS^* 可以通过下式计算得到：

$$K=\left(\frac{kT}{h}\right)e^{\Delta S^*}\times e^{-E_a/RT}\times e^{RT/RT} \tag{6-14}$$

式中，k 为波尔兹曼常数；h 为普朗克常数。

对于一个完全反应，一般认为 ΔH^*，ΔU^* 和 ΔS^* 分别与 ΔH，ΔU 和 ΔS 相差不大。因此，通过实验和计算得到的 ΔH，ΔU 和 ΔS 值近似看作煤低温氧化过程中各元素转化的 ΔH^*，ΔU^* 和 ΔS^* 值。

在每个反应温度下的吉布斯自由能(ΔG)可以通过方程(6-15)计算得到：

$$\Delta G=\Delta H-T\Delta S \tag{6-15}$$

因此，要计算得到热力学常数 ΔU，ΔH，ΔS 和 ΔG 的关键是求得动力学常数 K 和活化能 E_a 值。

6.1.2 动力学模型

为了研究煤低温氧化过程中各种元素转化的动力学特性，反应动力学参数通过准一级反应模型进行计算。为了进行比较，本研究同时采用另外四种动力学模型，其中包括两种积分法方程(Coats and Redfern's 模型和 Horowitz and Metzger's 模型)和两种微分法模型(Achar，Brindley and Sharp's 模型 和 Freeman and Carroll' s 模型)。

6.1.2.1 准一级反应动力学

在氧气充足的条件下，煤的氧化过程可以看成是准一级反应[5,8]。依据准一级反应，煤氧化过程中C、H、O、S和N元素的反应速率分别与其浓度成正比。对于一个含量降低的体系，反应速率常数可以用方程(6 16)表示：

$$K=\frac{1}{t}\ln\frac{C_i}{C_{i+1}} \tag{6-16}$$

式中，C_i 和 C_{i+1} 分别为两个相邻取样时间间隔的氧化煤样中元素的含量(wt%，daf)；t 代表取样时间间隔(s)。对于一个含量增加的体系，反应速率常数可以用方程(6-17)表示：

$$K=\frac{1}{t}\ln\frac{C_{i+1}}{C_i} \tag{6-17}$$

与温度相关的反应速率可以用 Arrhenius 方程进行计算。

$$K=A\exp(-E_a/RT) \tag{6-18}$$

活化能 E_a 和指前因子 A 分别可以通过式(6-18)中 $\ln K$ 对 $1/T$ 作图得到的直线的斜率及截距计算得到。

6.1.2.2 Coats and Redfern's 模型

这种模型最终得到的计算方程如下[9]：

对于 $n\neq1$ $$\log\frac{1-(1-\alpha)^{1-n}}{T^2(1-n)}=-\frac{E}{2.303RT}+\ln\left[\frac{AR}{\beta E}\left(1-2\frac{RT}{E}\right)\right] \tag{6-19}$$

对于 $n=1$ $$\log\frac{-\ln(1-\alpha)}{T^2}=-\frac{E}{2.303RT}+\ln\left[\frac{AR}{\beta E}\left(1-2\frac{RT}{E}\right)\right] \tag{6-20}$$

其中，α 为煤中某一元素(C、H、O、S或N)的转化率。依据 Coats and Redfern's 模型，在大多数情况下式(6-19)和式(6-20)中最后的一部分是一个常数。对于 $n\neq1$ 和 $n=1$，$\log[1-(1-\alpha)^{1-n}]/((1-n)T^2)$ 和 $\log[-\ln(1-\alpha^2)]/T^2$ 分别对 $1/T$ 作图，如果图形满足

线性关系，则反应过程符合 Coats and Redfern's 模型，相应地 E_a 可以通过所得到直线斜率求得。

6.1.2.3 Horowitz and Metzger's 模型

这种模型最终得到的计算方程如下[10]：

对于 $n \neq 1$
$$\log \frac{1-(1-\alpha)^{1-n}}{(1-n)} = -\frac{E_a \theta}{2.303RT_s^2} \tag{6-21}$$

对于 $n=1$
$$\log[-\ln(1-\alpha)] = -\frac{E_a \theta}{2.303RT_s^2} \tag{6-22}$$

其中，T_s 定义为当 $1-\alpha=\frac{1}{e}=0.367\ 9$ 时所对应的温度，是一个参照温度，同时并定义 $\theta=T-T_s$；对于 $n\neq 1$ 和 $n=1$，$\log[1-(1-\alpha)^{1-n}]/(1-n)$ 和 $\log[-\ln(1-\alpha)]$ 分别对 θ 作图，如果图形满足线性关系，则反应过程符合 Horowitz and Metzger's 模型，其直线斜率为 $-E_a/2.303RT_s$，相应地可以求得 E_a。

6.1.2.4 Achar, Brindley and Sharp's 模型

这种模型最终得到的计算方程如下[11]：

$$\log \frac{\left(\frac{d\alpha}{dT}\right)}{(1-\alpha)^n} = -\frac{E_a}{2.303RT} + \log \frac{A}{\beta} \tag{6-23}$$

式中，β 为升温速率，K/min；A 为指前因子，s^{-1}。对应不同的 n 值，$\log[(d\alpha/dT)/(1-\alpha)^n]$ 分别对 $1/T$ 作图，如果图形满足线性关系，则反应过程符合 Achar, Brindley and Sharp's 模型，相应地通过直线斜率可求得活化能 E_a。

6.1.2.5 Freeman and Carroll's 模型

这种模型最终得到的计算方程如下[12]：

$$\frac{\Delta \log\left(\frac{d\alpha}{dT}\right)}{\Delta \log(1-\alpha)} = -\frac{E_a}{2.303R} \cdot \frac{\Delta \frac{1}{T}}{\Delta \log(1-\alpha)} + n \tag{6-24}$$

其中，$\frac{d\alpha}{dT}$ 正比于氧化反应速率，在温度 T 时的 $\frac{d\alpha}{dT}$ 可以通过 α 与 T 的曲线斜率求得。如果反应过程符合 Freeman and Carroll's 模型，那么 $\Delta\log(d\alpha/dT)/\Delta\log(1-\alpha)$ 对 $\Delta(1/T)/\Delta\log(1-\alpha)$ 作图满足线性关系，并且 E_a 可以通过直线的斜率求得。

6.2 元素迁移转化

6.2.1 中间络合物的生成及分解

本章主要以 SD 煤为例，研究低温氧化过程元素转化规律。煤样在氮气气氛和空气气氛下的 TG 和 DTG 曲线，以及二者差谱的 TG 和 DTG 曲线如图 6-1 所示。差谱 TG 曲线（TG-subtr.）显示，在 30～230 ℃温度范围内煤样质量呈现出逐渐增加的趋势，这表明在这一阶段氧气化学吸附及中间含氧络合物的形成起主导作用，增加的重量可归属于煤氧化过

程中生成的中间含氧络合物。同时由差谱 DTG 曲线(DTG-subtr.)可以看出,在温度低于 70 ℃,煤样的质量增加速率较为缓慢;在 70～150 ℃,煤体质量增加速率迅速增加,增加速率在 150 ℃时达到最大;随后随着氧化温度的增加,煤体质量增加速率迅速降低。这表明煤氧化过程既涉及中间络合物的生成过程又涉及中间络合物的分解过程。煤体质量的增加是二者共同作用结果。在温度低于 150 ℃时,中间络合物的生成过程占主导地位,因此煤体质量增加速率随着氧化温度增加而迅速增大;当温度高于 150 ℃时,中间络合物的分解反应速率迅速增加,因而煤体质量增加速率随着氧化温度增加表现出降低的趋势。如前面所述,在煤低温氧化过程中生成的中间络合物主要包括过氧化氢、酸类、醌类、醛类和脂类等含氧化合物。这些化合物的生成规律已在第 5 章中进行讨论。而这些中间络合物的分解产物主要包括 CO_2、CO 和 H_2O 等。综上所述,煤的低温氧化过程会涉及中间络合物的生成和分解反应,正是这些反应过程引起煤中主要元素(C、H、O、S 和 N)的迁移转化,因此可用中间络合物理论研究煤氧化过程中元素转化热力学特性。

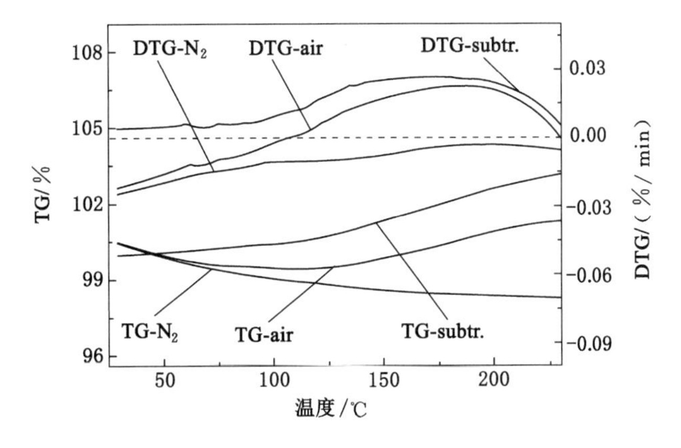

图 6-1 煤低温氧化过程典型的 TG 和 DTG 曲线

煤低温氧化过程中间络合物的生成和分解是一个序列反应,在反应过程中涉及煤中元素(主要是 C、H、O、S 和 N),其反应过程可以用如下方程表示:

$$\text{Coal-}X + O_2(\text{air}) \rightarrow \text{Coal-}X - O_2 \rightarrow X \text{ transformation} \quad (6\text{-}25)$$

其中,X 代表煤体中 C、H、O、S 和 N 五种元素。

6.2.2 元素转化规律

图 6-2 所示为煤低温氧化过程中各元素的迁移转化规律。从图 6-2 可以看出,C、H、S 和 N 元素含量随着氧化温度的增加呈现出降低的趋势,而 O 元素含量随着氧化温度增加表现出增加趋势。这与前人研究结果相吻合[13,14]。这表明煤在氧化过程可以连续释放气相产物,例如 CO_2、CO 和 H_2O 等。

不同氧化程度煤样的元素含量用 van Krevelen(H/C vs O/C)作图,其结果如图 6-3 所示。从图 6-3 可以看出,随着氧化温度的增加,煤的氧化可以分成三个阶段。在氧化的初期阶段,H/C 比值变化较小,而 O/C 比值呈现较大的变化;当温度高于 50 ℃时 H/C 变化趋势稍微增加,而 O/C 变化趋势减缓;当温度高于 100 ℃时,H/C 变化幅度已超过 O/C 变化幅度。这说明在煤样氧化初期以 O/C 变化为主;而在氧化的后期以 H/C 变化为主。同时可以看出，随着氧化温度的增加，H/C 呈现近似直线的速度降低，说明在煤氧化过程中煤中 H 元素含量的减少速率明显高于 C 元素的减少速率。同时可以看到 O/H 增加趋势随着氧化温度的增加呈现降低的趋势。这说明氧化煤中 O 含量的增加速率呈现降低的趋势。

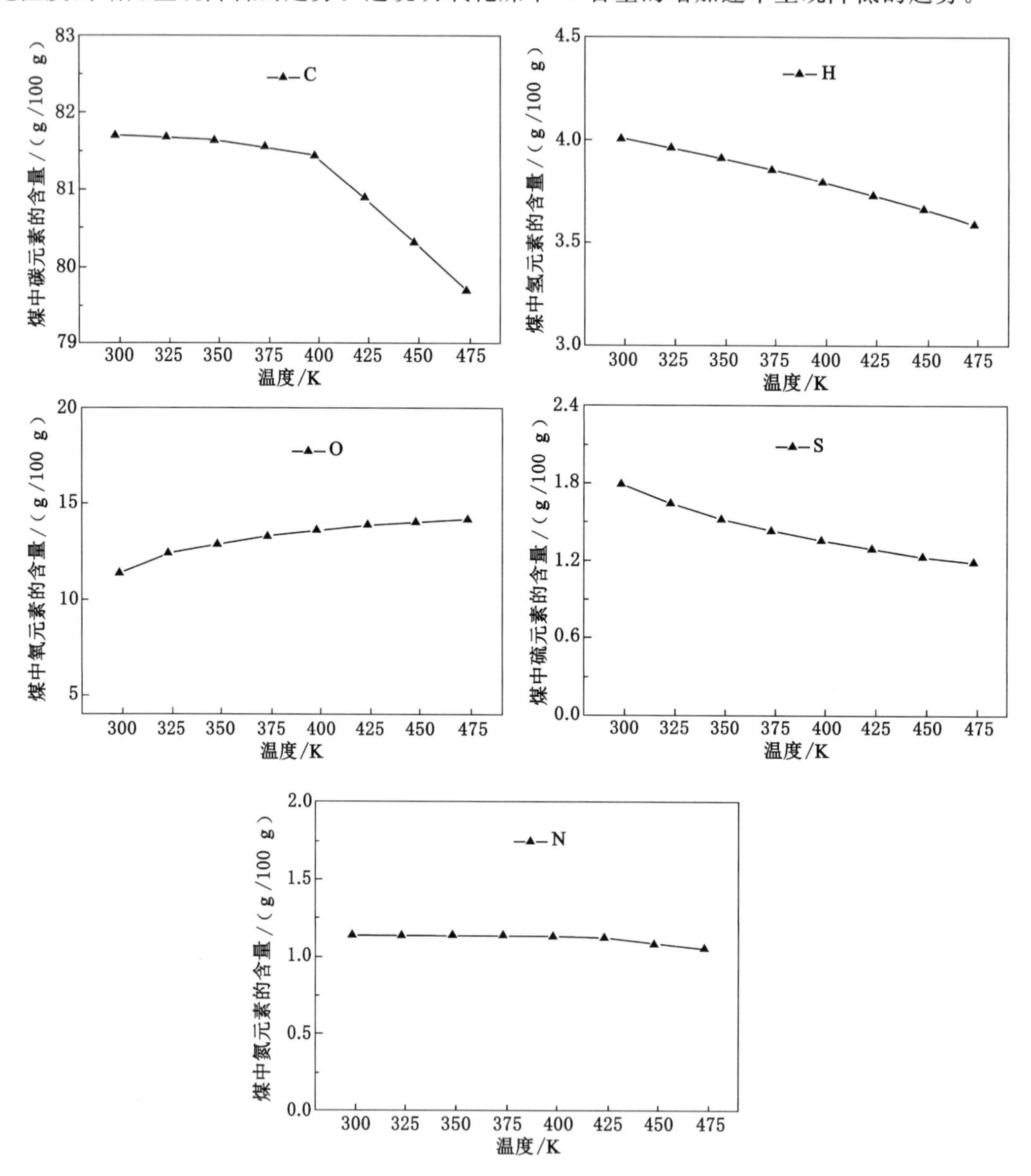

图 6-2　煤低温氧化过程中各元素的迁移转化规律

煤低温氧化过程中，各种元素的转化率如表 6-1 所示。元素的转化率可以反映每种元素在氧化过程中可与氧气发生氧化反应的活性组分含量。从表 6-1 可以看出，不同元素转化率存在明显差别，按转化率的大小可以排序为 S＞O＞H＞N＞C。S 元素表现出最高的转化率(33.75%)，这与该煤中硫元素主要以活性较高的硫铁矿有关(含量占总硫量 80%)，而 C 元素表现出最低的转化率。而第 2 章的元素分析数据显示，原煤中 C 含量大于 80%，而其转化率仅为 2.5%。煤中 C 以脂肪族和芳香族碳两种形式存在，并且脂肪碳的氧化活

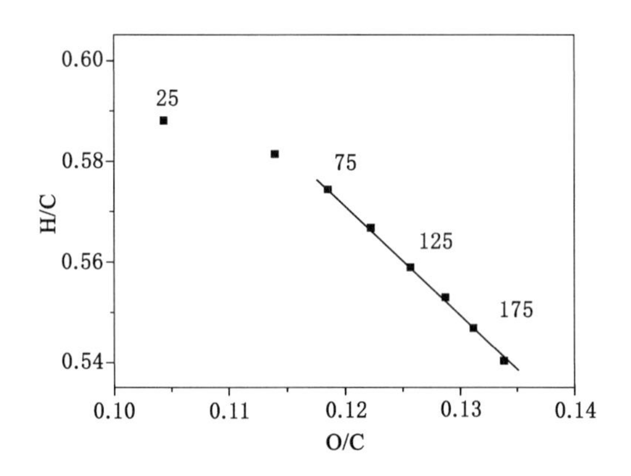

图 6-3 不同氧化温度下煤样的 van Krevelen 图(数字表示氧化温度,℃)

性远高于芳香碳的活性。这表明发生氧化反应的 C 元素主要以脂肪族 C—H 组分为主,这与红外光谱研究结果相吻合。

表 6-1　　煤低温氧化过程中各种元素在不同温度下的转化率

温度/℃	时间/s	转化率/wt%				
		C	H	O	S	N
25	0	—	—	—	—	—
50	1 500	0.02	1.17	9.14	8.36	0.05
75	3 000	0.07	2.39	13.49	15.22	0.17
100	4 500	0.17	3.77	16.92	20.19	0.28
125	6 000	0.32	5.25	20.02	24.49	0.76
150	7 500	0.99	6.88	22.13	28.00	1.56
175	9 000	1.69	8.58	23.62	31.22	4.44
200	10 500	2.45	10.39	25.11	33.75	7.55

6.3 元素转化动力学特性

不同元素的 ln K 对 $1/T$ 作图,其结果如图 6-4 所示。从图 6-4 可以看出,各种元素的 ln$K$ 和 $1/T$ 之间表现出很好的线性关系,这说明在实验条件下,元素的转化规律可用准一级反应动力学描述。

计算得到的每种元素迁移转化过程中的动力学参数,包括比反应速率常数、活化能和指前因子,显示在表 6-2 中(热力学参数列于表 6-3 中)。从表 6-2 可以看出,这些元素的比反应速率常数均较低,数量级在 10^{-6}～10^{-5}之间。一般来说,随着反应温度的增加,反应速率常数相应增大。表 6-2 显示,随着反应温度的增加,C、H 和 N 元素的比速率常数表现出增加的趋势,而 O 和 S 的比速率常数呈现出降低的趋势。这是由于在煤氧化过程中 O 元素的迁移转化包含两个反应过程:氧的化学吸附生成中间络合物过程以及含氧中间络合物的分

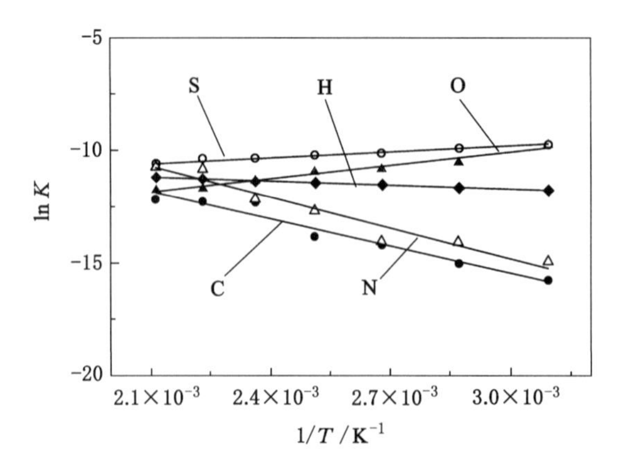

图 6-4　各种元素转化的 ln K 对 $1/T$ 作图

解过程。这两个过程共同控制着煤体中氧元素含量的变化。因此表 6-2 所示的氧比速率常数是一个表观速率常数。S 元素转化比速率常数呈现出降低的趋势是由于煤中硫元素的氧化过程涉及的主要是硫铁矿硫，硫铁矿的氧化过程是一个放热过程。增加反应温度会降低放热反应的反应速率，因而 S 元素比速率常数表现出降低的趋势。

如表 6-2 所示，C、H 和 N 元素转化的活化能为正值，分别为 31.70 kJ/mol、4.66 kJ/mol 和 37.47 kJ/mol。这些数据表明在煤低温氧化过程中 H 元素迁移转化的活化能最低，说明释放含氢的气相氧化产物需要较低能量。这与 FITR 研究结果相一致[13,14]，煤氧化首先涉及氧分子进攻煤中的脂肪氢，特别是 α 位亚甲基氢，氧化生成过氧化物、过氧化氢和羟基等氧化产物。N 元素转化过程表现出较高的活化能，这是由于煤中氮物种主要以热稳定性较高的吡咯和吡啶氮形式存在，因此在转化过程中需要较高的能量。

非常有趣的是氧元素的转化过程表现出负的活化能。Smith[15] 首次在实验研究中发现反应表观活化能为负值。随后，其他研究者发现许多化学反应过程表现出活化能为负值。其中，比较典型的例子是 ZSM-5 催化剂吸附和裂解正构烷烃，反应过程表现负的活化能[16]。这一反应过程与煤低温氧化过程中氧元素转化过程相类似。从某种角度来看，这一现象与传统观点相反。事实上，这是由于煤氧化过程中氧元素的转化过程涉及两个相反竞争反应序列：随着反应温度的增加，含氧中间络合物生成反应本征动力学活化能增加；同时随着反应温度的增加，含氧中间络合物的分解反应会降低吸附强度和中间络合物的浓度。如前所述，煤的低温氧化过程是一个复杂的过程，涉及一系列的化学反应步骤，包括煤体表面对氧分子的物理和化学吸附，中间络合物的生成过程以及不稳定中间络合物分解为气相产物及其他固相物种的反应过程。其中一些重要的反应序列，例如中间络合物的生成过程，是一个可逆的过程，这是引起煤氧化过程中氧元素转化过程中表观活化能为负值的重要原因。然而，硫元素的转化过程中表观活化能为负值，这可能是与硫元素释放过程为放热过程有关。

为了验证准一级反应计算得到的活化能，另外四种动力学模型，包括两种积分法模型（Coats and Redfern's 模型和 Horowitz and Metzger's 模型）和两种微分法模型（Achar, Brindley and Sharp's 模型和 Freeman and Carroll's 模型）也被用于动力学计算中。对于前两种积分法模型方程，反应级数 n 值首先必须假定。另外，为了测定 Horowitz and Metzger's 模型，首先必须确定 T_s 值。依据 Horowitz and Metzger's 模型，T_s 为 $1-\alpha=$

表 6-2　SD 煤低温氧化过程中各种元素迁移转化的动力学参数

温度 T/K	比速率常数 $K/\times10^{-6}\ s^{-1}$					活化能 E_a/(kJ/mol)					指前因子 $\ln A/s^{-1}$				
	C^a	H^a	O^b	S^a	N^a	C	H	O	S	N	C	H	O	S	N
323.15	0.15	7.86	58.33	58.23	0.32										
348.15	0.29	8.29	26.04	51.81	0.78										
373.15	0.69	9.50	19.82	40.33	0.79	31.70^c	4.66^c	-23.33^c	-7.01^c	37.47^c					
398.15	0.97	10.29	17.46	36.89	3.19	32.60^b	5.10^d	-22.25^d	-8.22^d	36.65^d	-4.02^c	-10.05^c	-16.00^c	-12.34^c	-1.22^c
423.15	4.53	11.59	11.61	31.71	5.37	41.75^e	17.32^e	-22.83^e	-10.87^e	50.17^e					
448.15	4.73	12.29	8.11	30.56	19.8		4.52^f	-20.47^f	-12.50^f	—					
473.15	5.15	12.32	7.97	24.91	22.06										

注：*a* 通过公式(6-16)计算得到；*b* 通过公式(6-17)计算得到；*c* 通过公式(6-18)计算得到；*d* 通过公式(6-20)计算得到；*e* 通过公式(6-22)计算得到；*f* 通过公式(6-23)计算得到。

表 6-3　SD 煤低温氧化过程中各种元素迁移转化热力学参数

温度 T/K	反应焓 ΔH/(kJ/mol)					反应熵 $-\Delta S/(\times10^2\ J/mol)$					吉布斯自由能 $\Delta G/(\times10^2\ kJ/mol)$				
	C	H	O	S	N	C	H	O	S	N	C	H	O	S	N
323.15	29.01	1.98	−19.03	−9.70	34.79	2.87	2.32	3.86	3.57	2.62	1.22	0.77	1.06	1.06	1.20
348.15	28.80	1.77	−19.24	−9.91	34.58	2.88	2.40	3.89	3.57	2.64	1.29	0.85	1.16	1.14	1.26
373.15	28.59	1.56	−19.45	−10.12	34.37	2.88	2.47	3.89	3.58	2.72	1.36	0.94	1.26	1.23	1.36
398.15	28.39	1.35	−19.66	−10.32	34.16	2.91	2.54	3.88	3.58	2.67	1.44	1.02	1.35	1.32	1.40
423.15	28.18	1.15	−19.86	−10.53	33.95	2.84	2.59	3.89	3.59	2.68	1.48	1.11	1.45	1.41	1.48
448.15	27.97	0.94	−20.07	−10.74	33.75	2.88	2.64	3.91	3.59	2.63	1.57	1.19	1.55	1.50	1.52
473.15	27.76	0.73	−20.28	−10.95	33.54	2.91	2.68	3.89	3.60	2.67	1.66	1.28	1.64	1.59	1.60

1/e=0.367 9 时对应的温度，然后可以计算不同温度下的 θ 值。计算得出的 C、H、O、S 和 N 的 T_s 值分别为 442 K、418 K、365 K、380 K 和 456 K。这些数据的大小顺序与这五种元素活化能的大小顺序相一致。对于这四种模型，除了测试 $n=1$ 外，其他 n 值(0,1/2,2/3,1 和 2)也被测试，其结果如图 6-5～图 6-8 中。

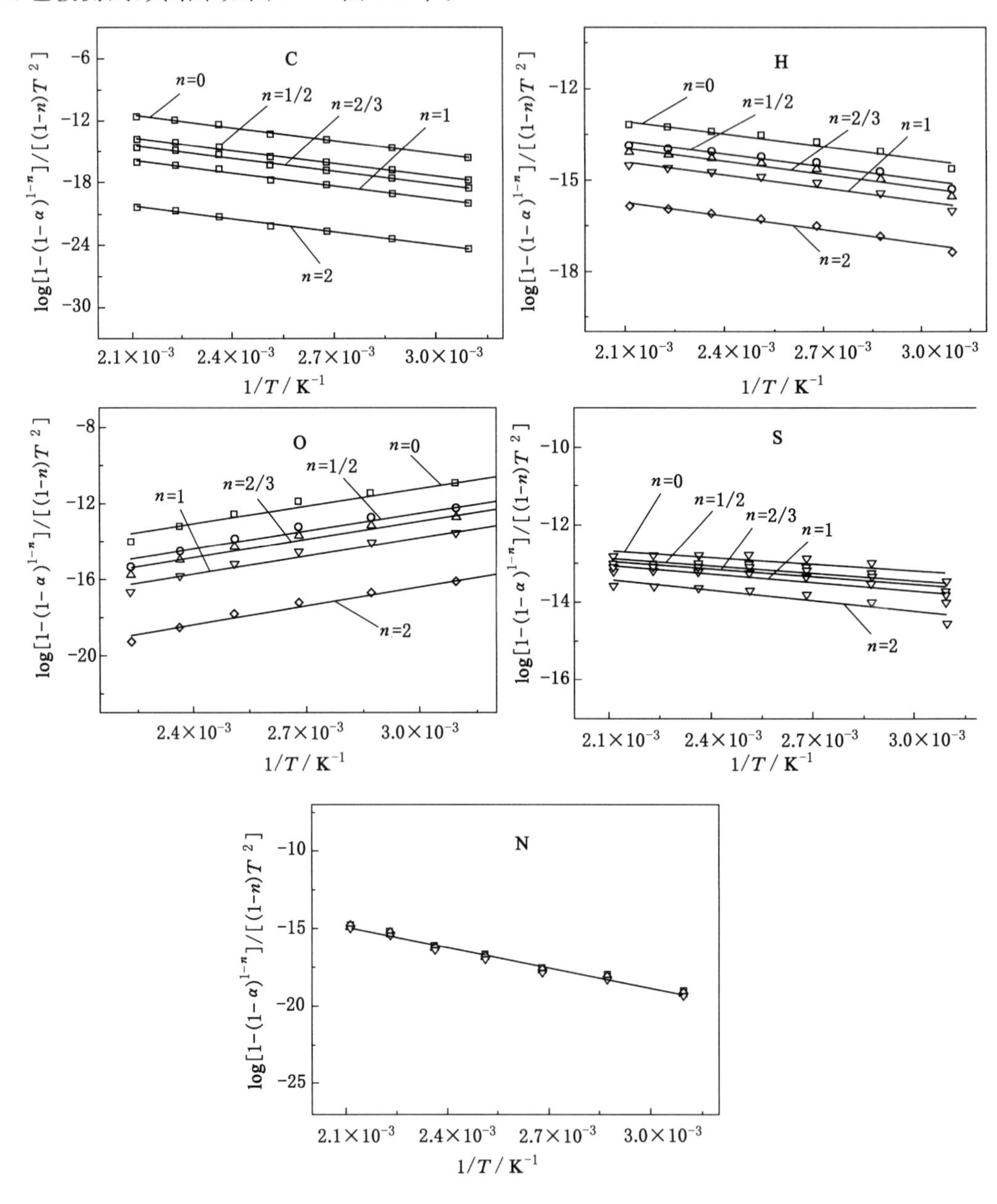

图 6-5　煤中各元素迁移转化依据 Coats and Redfern's 模型作图

从图 6-5～图 6-8 可以看出，这五种元素迁移转化规律与 Coats and Redfern's 模型和 Horowitz and Metzger's 模型都表现出很好的线性关系；对于 Achar，Brindley and Sharp's 模型，只有 H、O 和 S 元素转化呈现出线性关系，而 C 和 N 元素转化表现出明显的非线性关

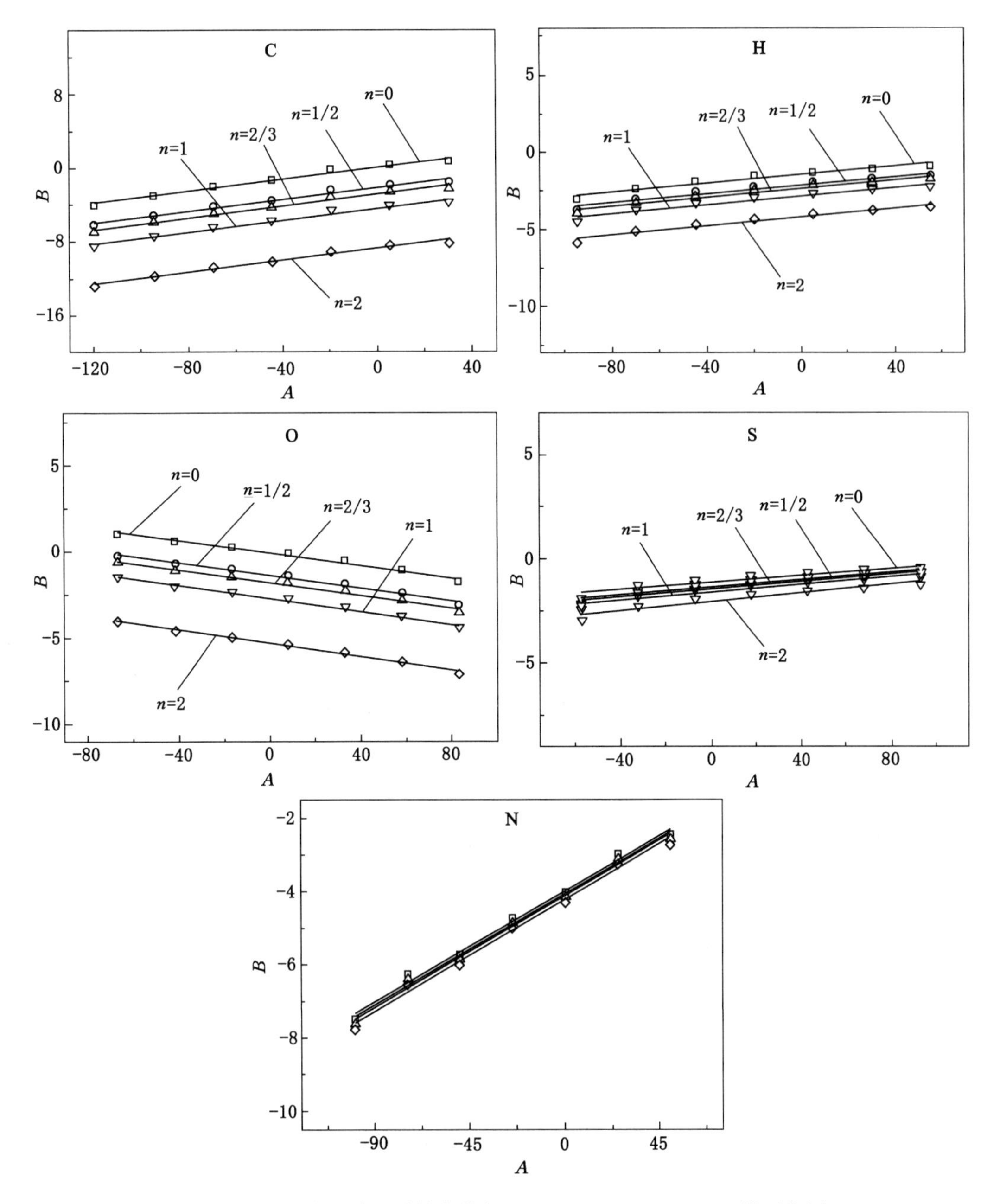

图 6-6 煤中各元素迁移转化依据 Horowitz and Metzger's 模型作图

(注:对于 $n=1$,$B=\log[-\ln(1-\alpha)]$对 $A=\theta$ 作图,

对于 $n\neq1$,$B=\log[1-(1-\alpha)^{1-n}]/(1-n)$对 $A=\theta$ 作图)

系。这些结果表明,H、O 和 S 元素转化途径不同于 C 和 N 元素。而对于 Freeman and Carroll's 模型,这五种元素都呈现离散性,这表明这五种元素迁移转化过程不能用 Freeman and Carroll's 模型来描述。由于在氧气充足的条件下,煤的低温氧化过程遵从准一级反应动力学模型,同时为了便于对比,因此只计算这些模型在 $n=1$ 时的动力学参数,从直线斜率和斜率中计算得到的活化能 E_a 也显示在表 6-2 中。对比这些数据可以发现,通

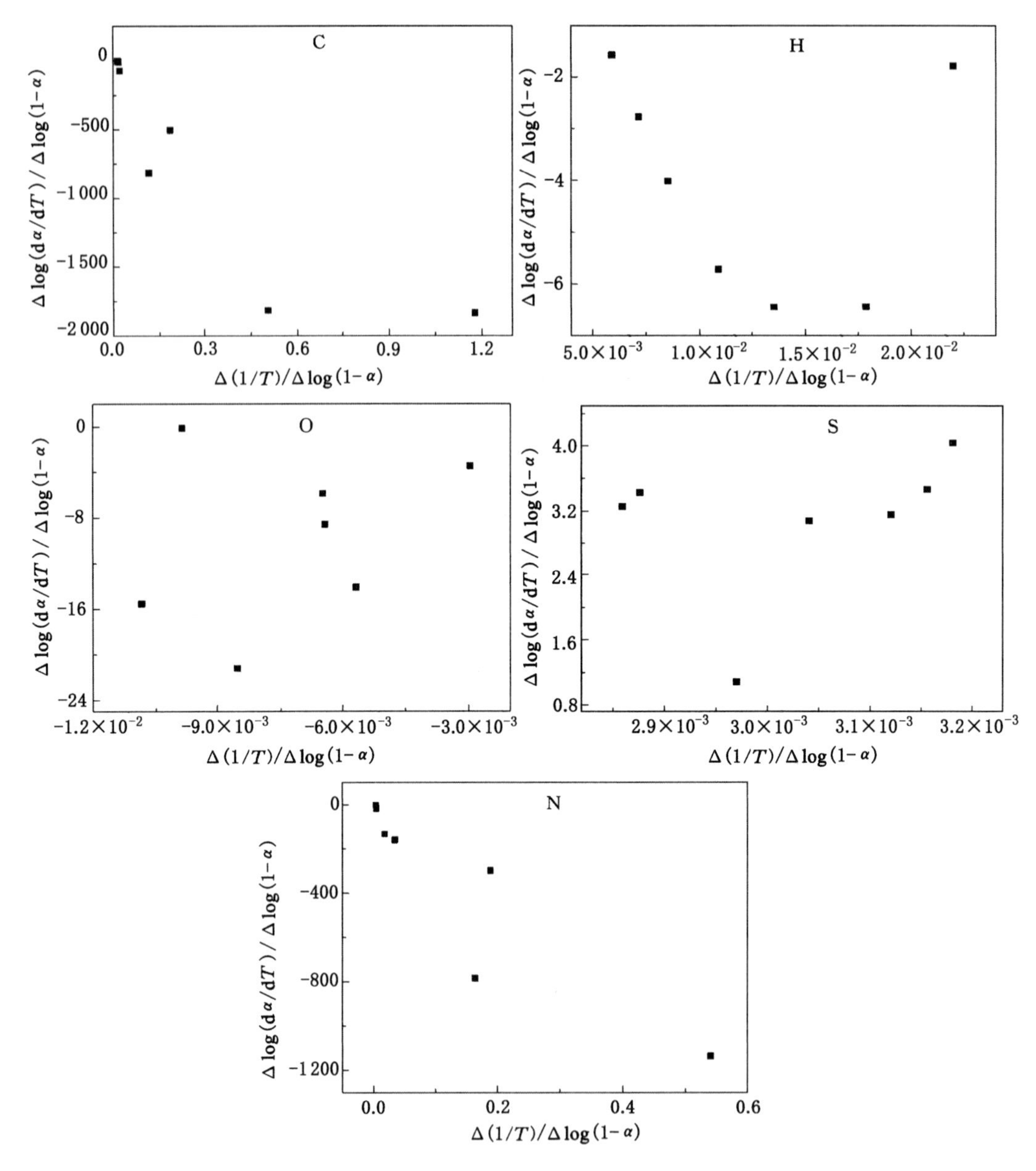

图 6-7 煤中各元素迁移转化依据 Freeman and Carroll's 模型作图

过 Coats and Redfern's 模型计算得到的活化能值与准一级反应模型得到的活化能值相近，然而通过 Horowitze and Metzger's 模型计算得到的活化能的值要高于准一级反应模型和 Coats and Redfern's 模型。

根据气-固反应类型的不同，研究者提出许多不同的反应模型。在目前的情况下，Horowitz and Metzger's 和 Coats and Redfern's 模型符合关系的应用表明煤低温氧化过程中元素的转化过程符合一种收缩的圆筒形动力学模型[17]。然而，这两种模型计算得到的活化能存在明显差别的原因还不太清楚。

指前因子反映化学反应过程中反应活化物种有效碰撞的频率[18]。每种元素在煤低温

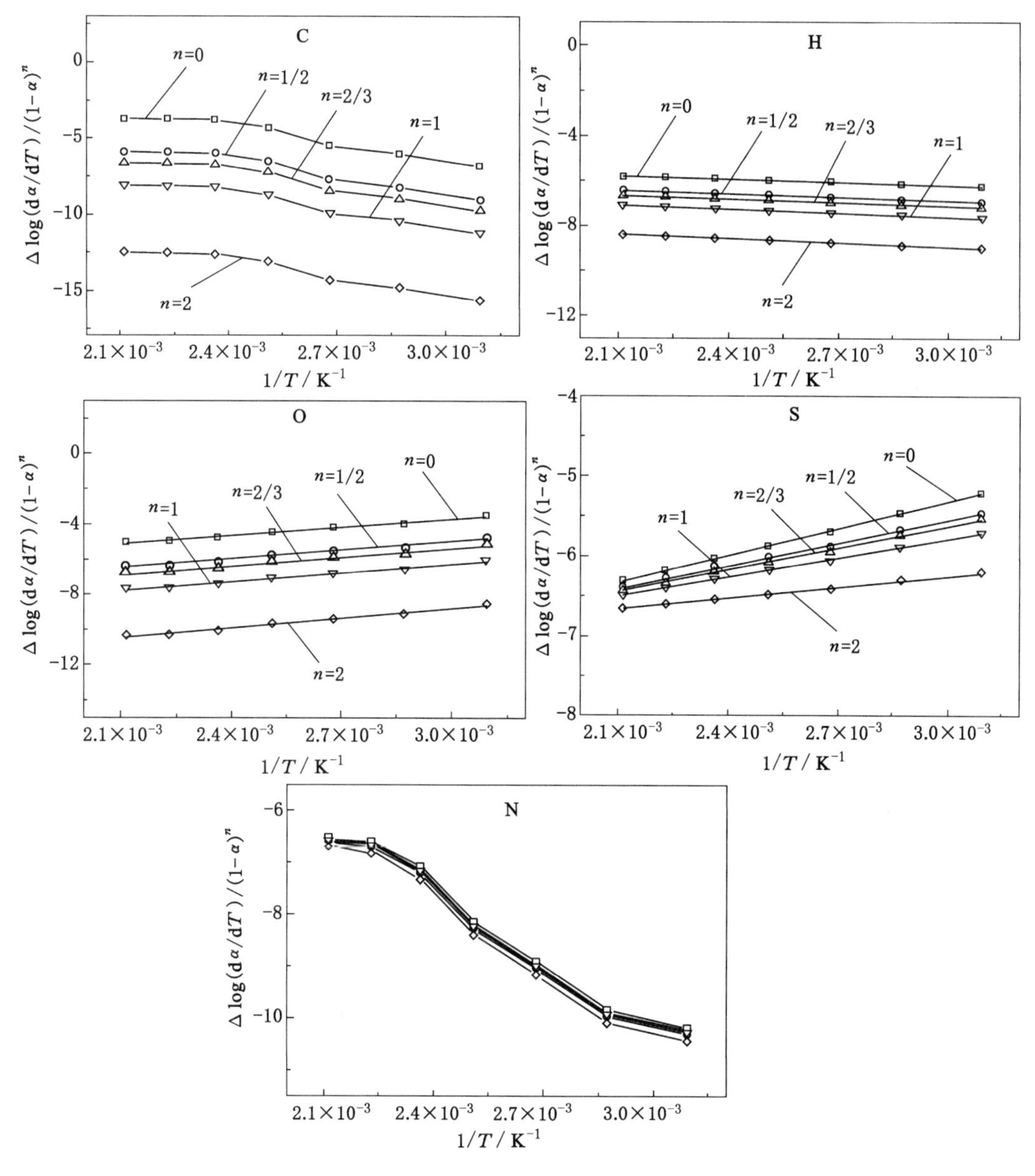

图 6-8 煤中各元素迁移转化依据 Achar, Brindley and Sharp's 模型作图

氧化过程中转化的频率因子显示在表 6-2 中。从表 6-2 可以看出，每种元素的转化过程都表现出较低的频率因子，这说明煤的低温氧化过程涉及中间络合物的生成反应，这种反应具有较低的频率因子。正是这种较低的指前因子控制着煤低温氧化的进行，控制着中间络合物的生成与分解。较低的指前因子反映了煤低温氧化的反应速率，这与表 6-1 中显示的较低的比反应速率常数相一致。

在煤低温氧化过程中每种元素迁移转化的 $\ln A_{app}$ 与 E_{app} 关系如图 6-9 所示。从图 6-9 可以明显看出，$\ln A_{app}$ 与 E_{app} 之间表现出明显的直线关系，这就是所谓的“动力学补偿效应”。它们之间的关系可以用 $\ln A_{app} = mE_{app} + c$ 表示，其中 m 为线性方程斜率，c 为线性方程截距。在煤的热解及气化研究中，很早就发现反应活化能与指前因子之间存在这种动力学补偿效应[19-21]，然而很少研究发现在煤的低温氧化过程中各种元素迁移转化的活化能与指前因子之间也存在这种补偿关系。煤氧化过程中这种动力学补偿效应，表明在煤低温氧化过程中各种元素之间在活性位点增加的同时伴随着反应能垒的增加。

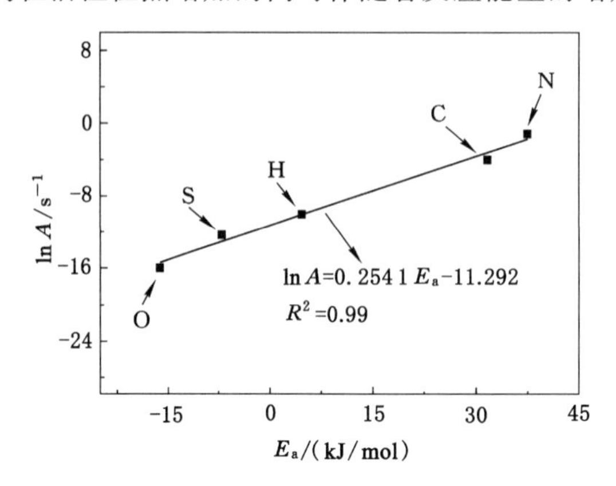

图 6-9　各种元素的 $\ln A_{app}$ 对 E_{app} 作图

6.4 元素转化热力学特性

热力学参数主要包括有热焓值(ΔH)、内能(ΔU)、熵值(ΔS)以及吉布斯自由能(ΔG)等。煤低温氧化过程中，各种元素转化热力学特性的研究是非常重要的，它可以从热力学角度阐述煤自燃过程，为相关反应提供理论基础。煤低温氧化过程中各种元素转化热力学参数可通过中间活化能理论计算得到，计算的结果如表 6-3 所示。从表 6-3 可以看出，S 元素和 O 元素迁移转化的焓值为负值，并且焓值随着氧化温度的增加而增大。负的焓值表明 S 元素和 O 元素转化过程伴随着热量的释放，并且随着氧化温度的增加，释放的热量也相应增加。S 元素的迁移转化过程释放热量是可以理解的，这是因为 SD 煤中 80%的硫以硫化物硫形态存在，硫铁矿的氧化会释放热量。对于氧元素，如图 6-1 和表 6-1 所示，在煤低温氧化过程中随着煤体质量的增加在煤中呈现出增加的趋势；这说明氧分子的化学吸附及中间络合物的形成过程是放热的，这些释放的热量为煤的自热过程提供热源。另外，随着煤自热过程煤体温度的增加，O 元素的转化过程会释放更多的热量；这表明随着煤体温度的增加，氧的化学吸附和含氧中间络合物生成的过程会释放更多的热量。如前所述，在本研究范围内热焓(ΔH)和内部能量(ΔU)这两个术语的含义是相同的，因此在相同的温度下这两个参数的值是相同的。

同时从表 6-3 可以看出，C、H 和 N 元素转化的热焓值为正值；并且随着氧化温度的增加，其热焓值呈现出降低的趋势。这些数据表明 C、H 和 N 元素转化过程为吸热过程。这三种元素的热焓值大小顺序为：N>C>H，这与前面计算得到的活化能的大小顺序相一致。这些结果表明，N 元素迁移转化比 C 和 H 元素迁移转化消耗更多的能量。这是由于煤中氮元素主要以热稳定性较好的吡咯氮和吡啶氮等芳香环形式存在，而煤体中一部分 C 和 H 元素以桥架和侧链形式存在，这部分 C 和 H 容易被氧化和分解。因此，在煤的氧化过程中，以甲基和亚甲基形式存在的 C 和 H 元素比 N 元素更容易被氧化、断裂和释放。

C 元素和 H 元素的迁移转化与其中间络合物分解产物密切相关。C 元素在氧化过程

主要生成 CO_2 和 CO，而 H 元素转化主要生成 H_2O。氧化产物 CO_2、CO 和 H_2O 生成焓可以通过下面的方程进行计算：

$$\Delta H_{CO_2} = \Delta H_C + 2\Delta H_O \tag{6-26}$$

$$\Delta H_{CO} = \Delta H_C + \Delta H_O \tag{6-27}$$

$$\Delta H_{H_2O} = 2\Delta H_H + \Delta H_O \tag{6-28}$$

CO_2、CO 和 H_2O 的生成焓值分别通过方程(6-26)～(6-28)进行计算，其结果显示在表 6-4 中。从表 6-4 可以看出，CO_2、H_2O 和 CO 生成焓存在明显的不同。CO_2 和 H_2O 生成焓值为负值，这说明 CO_2 和 H_2O 生成过程为放热过程；并且 H_2O 生成焓值明显大于 CO_2 生成焓值，这说明在煤低温氧化过程中生成 1 mol H_2O 放出的热量远大于生成 1 mol CO_2 放出的热量；而 CO 生成焓值为正值，这说明煤低温氧化过程中 CO 释放过程为吸热过程。这些研究结果表明：煤在低温氧化过中最主要氧化产物是 CO_2 和 H_2O，而不是的 CO；在煤低温氧化过程中元素 C 以 CO_2 形式释放比以 CO 形式释放后系统更稳定。这些实验结果与前人研究结果[14]相一致：煤低温氧化过程中氧化产物的释放量大小顺序为：$H_2O > CO_2 > CO$，并且 CO_2 释放量比 CO 大一个数量级。

表 6-4　　煤低温氧化过程中 CO_2、CO 和 H_2O 生成的热力学参数

温度 T/K	反应焓 ΔH/(kJ/mol)			反应熵 $-\Delta S$/($\times 10^2$ J/mol)			吉布斯自由能 ΔG/($\times 10^2$ kJ/mol)		
	CO_2	CO	H_2O	CO_2	CO	H_2O	CO_2	CO	H_2O
323.15	−9.05	9.98	−15.07	10.59	6.73	8.50	3.34	2.28	2.60
348.15	−9.68	9.56	−15.70	10.66	6.77	8.69	3.61	2.45	2.86
373.15	−10.31	9.14	−16.33	10.66	6.77	8.83	3.88	2.62	3.14
398.15	−10.93	8.73	−16.96	10.67	6.79	8.96	4.14	2.79	3.39
423.15	−11.54	8.32	−17.56	10.62	6.73	9.07	4.38	2.93	3.67
448.15	−12.17	7.90	−18.19	10.70	6.79	9.19	4.67	3.12	3.93
473.15	−12.80	7.48	−18.82	10.69	6.80	9.25	4.94	3.30	4.20

煤低温氧化过程中，各种元素转化过程熵值通过方程(6-14)计算，其结果也显示在表 6-3中。从表 6-3 可以明显看出这几种元素的 ΔS 值为负值，这表明在煤氧化过程中随着 C、H、O、S 和 N 元素的释放会降低系统自由度，即煤的氧化反应过程会引起煤中的活性物种含量降低。然而，随着氧化温度的增加，各个元素的 ΔS 值没有明显变化。这种结果的出现是由于在煤的低温氧化过程中涉及的活性物种量很少，小于煤样初始质量的 3.0% (wt%)，这可以通过煤程序升温氧化 TG 数据(图 6-1)得到。CO_2、CO 和 H_2O 的生成熵值可以通过方程(6-29)～(6-31)进行计算，其结果如表 6-4 所示。这些数据也显示，在煤氧化过程中 CO_2、CO 和 H_2O 的释放会降低系统的自由度，其中 CO_2 熵值最大，约为 CO 的1.5倍。

$$\Delta S_{CO_2} = \Delta S_C + 2\Delta S_O \tag{6-29}$$

$$\Delta S_{CO} = \Delta S_C + \Delta S_O \tag{6-30}$$

$$\Delta S_{H_2O} = 2\Delta S_H + \Delta S_O \tag{6-31}$$

通过方程(6-15)计算得到的这五种元素转化的吉布斯自由能(ΔG)列于表 6-4 中。从表可以看出,这五种元素的 ΔG 值为正值。正的 ΔG 表明,在煤低温氧化过程中这五种元素转化过程为非自发的,即对于元素 C、H、S 和 N 元素从煤分子结构释放以及 O 元素嵌入煤体大分子结构的过程为非自发性的。同时可以看到随着煤体温度的增加,ΔG 值为增加的过程,这表明随着煤自热过程的进行,煤中元素的迁移转化过程非自发倾向性增加。CO_2、CO 和 H_2O 的生成吉布斯自由能可以通过类似于方程(6-29)～(6-31)进行计算,其结果也显示在表 6-4 中。CO_2、CO 和 H_2O 的 ΔG 值为正值,这表明在煤低温氧化过程中这些氧化物的释放过程为非自发的。这些结果进一步说明了在煤低温氧化过程中元素转化行为的非自发性。

6.5 煤种特性影响

为了揭示隐藏在不同煤种中的煤低温氧化机理,对 XM 煤和 ZZ 煤的动力学和热力学参数也分别进行计算,其结果分别显示在表 6-5～表 6-8 中。对比这三种煤动力学和热力学数据可以发现以下规律:

(1) 三种煤的 H 元素迁移转化的活化能都较其他元素低,并且这三种煤 H 元素转化活化能相差不大。较低的活化能表明 H 元素在煤自燃过程中起着重要的作用,特别是在煤自燃早期起着主导作用。在煤低温氧化过程中 H 元素的主要氧化产物为 H_2O,而热力学数据表明在 H_2O 分子生成过程伴随着大量热量的释放,释放的这些热量为煤自燃早期提供了热源。这三种煤 H 元素迁移转化的活化能较为接近,说明 H 元素在不同煤种自燃过程中的迁移转化途径相类似,这一推断与事实相符。

(2) 三种煤 O 元素的反应速率都较其他元素的大,这说明 O 元素在煤低温氧化过程中起着推动力作用。然而 O 元素迁移转化的活化能为负值,负的活化能反映 O 元素迁移转化方向,更倾向于元素的释放过程。O 元素迁移的活化能表现出与煤种的相关性。XM 煤活化能最小,这表明 XM 煤氧化生成中间络合物更容易分解;随着煤化程度的增加,活化能表现出增加的趋势,说明中间络合物的分解难度增加,这些结果与热重分析实验研究结果相一致。

(3) 不同煤种 C 和 O 元素转化的比反应速率和活化能相差较大,其值大小顺序与煤变质程度有很大的关系。对于变质程度较低的 XM 煤,其 C 和 O 元素的比反应速率较高,活化能相对较低;对于变质程度较高的 ZZ 煤,其 C 和 O 元素的比反应速率较低,活化能相对较高。这些不同充分说明了 C 和 O 元素参与的反应较为复杂,存在较多的转化途径,对于不同煤种 C 和 O 元素迁移转化途径存在明显不同。

(4) 不同煤种 S 元素迁移转化也存在明显不同。对于含硫化物硫较多的 SD 煤,其 S 元素转化反应速率比含有机硫较多的 XM 煤和 ZZ 煤大,比 XM 煤和 ZZ 煤活化能低。

(5) 煤中 N 元素以较稳定的形式存在,因此 N 元素迁移转化反应速率最小,活化能最大;同时可以看出这三种煤 N 元素转化反应速率和活化能相差不大,说明 N 元素在不同煤自燃过程中的转化相一致,转化途径比较单一。这些结果表明 N 元素在煤自燃过程中的作用较小。

(6) ΔH 代表反应放热量。ZZ 煤 O 元素迁移转化放热量最大,相应地 C 元素迁移转化

表 6-5　XM 煤低温氧化过程中各种元素迁移转化的动力学参数

温度 T/K	比速率常数 $K/\times10^{-6}$ s^{-1}					活化能 E_a/(kJ/mol)					指前因子 $\ln A/s^{-1}$				
	C[a]	H[a]	O[b]	S[a]	N[a]	C	H	O	S	N	C	H	O	S	N
323.15	0.20	7.97	50.21	0.56	0.35										
348.15	0.42	8.19	19.98	0.80	0.90										
373.15	0.85	9.63	16.46	1.83	1.25										
398.15	1.65	10.30	11.73	4.34	3.30	22.60[c]	4.72[c]	−16.56[c]	36.55[c]	37.08[c]	−3.61[c]	−10.23[c]	−15.45[c]	−1.30[c]	−1.26[c]
423.15	4.86	11.56	8.31	6.65	5.50										
448.15	5.63	12.50	6.01	20.13	22.8										
473.15	6.35	13.50	5.86	24.91	23.06										

表 6-6　XM 煤低温氧化过程中各种元素迁移转化的热力学参数

温度 T/K	反应焓 ΔH/(kJ/mol)					反应熵 $-\Delta S/(\times10^2$ J/mol)					吉布斯自由能 $\Delta G/(\times10^2$ kJ/mol)				
	C	H	O	S	N	C	H	O	S	N	C	H	O	S	N
323.15	19.91	2.03	−19.25	33.86	34.39	3.18	3.47	4.04	2.56	2.58	1.23	1.14	1.11	1.16	1.18
348.15	19.71	1.83	−19.45	33.66	34.19	3.16	3.48	4.10	2.62	2.59	1.30	1.23	1.23	1.25	1.24
373.15	19.50	1.62	−19.66	33.45	33.98	3.15	3.48	4.08	2.62	2.64	1.37	1.31	1.33	1.31	1.32
398.15	19.29	1.41	−19.87	33.24	33.77	3.12	3.48	4.08	2.61	2.62	1.44	1.40	1.43	1.37	1.38
423.15	19.08	1.20	−20.08	33.03	33.56	3.06	3.48	4.09	2.63	2.63	1.48	1.48	1.53	1.44	1.45
448.15	18.87	0.99	−20.29	32.82	33.35	3.08	3.48	4.10	2.58	2.55	1.57	1.57	1.63	1.48	1.48
473.15	18.67	0.79	−20.49	32.62	33.15	3.10	3.48	4.08	2.61	2.60	1.65	1.65	1.72	1.56	1.56

表 6-7　ZZ 煤低温氧化过程中各种元素迁移转化的动力学参数

温度 T/K	比速率常数 $K/\times10^{-6}\ s^{-1}$					活化能 E_a/(kJ/mol)					指前因子 $\ln A/s^{-1}$				
	C[a]	H[a]	O[b]	S[a]	N[a]	C	H	O	S	N	C	H	O	S	N
323.15	0.13	7.86	65.33	0.48	0.32										
348.15	0.21	8.29	36.04	0.76	0.78										
373.15	0.50	9.50	26.82	1.77	0.79										
398.15	0.85	10.29	20.46	4.56	3.19	40.21[c]	4.96[c]	−32.46[c]	35.00[c]	39.09[c]	−1.81[c]	−9.98[c]	−16.00[c]	−1.79[c]	−0.80[c]
423.15	2.36	11.59	15.61	6.05	5.37										
448.15	3.65	12.29	12.11	19.02	19.8										
473.15	4.62	12.32	9.97	23.13	22.06										

表 6-8　ZZ 煤低温氧化过程中各种元素迁移转化的热力学参数

温度 T/K	反应焓 ΔH/(kJ/mol)					反应熵 $-\Delta S/(\times10^2\ J/mol)$					吉布斯自由能 $\Delta G/(\times10^2\ kJ/mol)$				
	C	H	O	S	N	C	H	O	S	N	C	H	O	S	N
323.15	37.52	2.27	−35.15	32.31	36.40	2.56	3.47	4.65	2.63	2.52	1.20	1.14	1.15	1.17	1.18
348.15	37.32	2.07	−35.35	32.11	36.20	2.62	3.47	4.62	2.68	2.53	1.29	1.23	1.26	1.25	1.24
373.15	37.11	1.86	−35.56	31.90	35.99	2.63	3.47	4.57	2.67	2.62	1.35	1.31	1.35	1.32	1.34
398.15	36.90	1.65	−35.77	31.69	35.78	2.66	3.47	4.54	2.65	2.56	1.43	1.40	1.45	1.37	1.38
423.15	36.69	1.44	−35.98	31.48	35.57	2.63	3.47	4.51	2.68	2.58	1.48	1.48	1.55	1.45	1.45
448.15	36.48	1.23	−36.19	31.27	35.36	2.65	3.47	4.48	2.62	2.51	1.55	1.57	1.65	1.49	1.48
473.15	36.28	1.03	−36.39	31.07	35.16	2.68	3.48	4.45	2.65	2.55	1.63	1.66	1.74	1.57	1.56

吸收的热量最多。这三种煤 H 元素转化过程吸收热量基本相同。通过计算发现,SD 煤生成单位质量 CO_2 释放热量最多,而 ZZ 煤生成单位质量 H_2O 释放热量最多。这些过程释放的热量为煤的自燃过程提供能量。同时可以发现,SD 煤和 ZZ 煤的 CO_2 和 H_2O 释放过程伴随着热量的生成,释放 CO 为吸热过程;而 XM 煤在低温氧化过程中,CO_2、H_2O 和 CO 释放均为放热过程,表现出明显煤种相关性。

(7) ΔS 代表系统的混乱程度。三种煤各元素迁移转化的 ΔS 为负值,这表明在煤氧化过程中随着 C、H、O、S 和 N 元素的释放会降低系统自由度,即煤的氧化反应过程会引起煤中的活性物种含量降低。

(8) ΔG 代表反应方向性。三种煤各元素迁移转化的 ΔG 为正值,并且同种元素在不同煤种氧化过程中的 ΔG 相差不大。这表明在煤氧化过程中随着 C、H、O、S 和 N 元素的迁移转化的非自发性。

6.6 本章小结

本章将参与煤低温氧化反应的复杂的煤有机体,简化为最基本的组成单体 C、H、O、S 和 N 元素。基于氧化过程中,这些元素含量的迁移转化规律,借助于不同动力学模型及中间络合物理论,对煤低温氧化过程动力学特性和热力学特性进行分析研究,得出的主要结论如下:

(1) 中间络合物的生成和分解在煤低温氧化过程中起着重要作用,这些过程涉及 C、H、O、S 和 N 元素的迁移转化。

(2) 这些元素的转化遵循准一级反应动力学模型和 Coats and Redfern's 模型,并且这两种模型计算得到的活化能接近。这些元素在转化过程表现出较低的反应速率常数及指前因子,这表明煤低温氧化过程非常缓慢。

(3) C、H 和 N 元素转化的活化能为正值。H 元素迁移转化活化能最低,这表明氢元素在煤低温氧化过程中最容易受到氧分子的进攻。N 元素转化的活化能最大。氧元素的转化表现出负的活化能,这与 O 元素在煤低温氧化过程中同时参与中间络合物的生成过程以及不稳定中间络合物分解过程有关。硫元素转化的表观活化能为负值,这可能是与硫元素的释放为放热过程有关。同时研究发现不同元素活化能与指前因子之间存在动力学补偿效应。

(4) C、H 和 N 元素的转化过程为吸热过程,O 元素转化过程为放热过程,硫铁矿硫的氧化为放热过程,有机硫转化为吸热过程。这些元素的转化与其氧化产物密切相关。SD 煤和 ZZ 煤的 CO_2 和 H_2O 释放过程伴随着热量的生成,释放 CO 为吸热过程;而 XM 煤在低温氧化过程中,CO_2、H_2O 和 CO 释放均为放热过程。SD 煤生成单位质量 CO_2 释放的热量最多,而 ZZ 煤生成单位质量 H_2O 释放的热量最多,这些过程释放的热量为煤自燃过程提供能量。

(5) 在煤低温氧化过程中,这些元素迁移转化 ΔS 和 ΔG 值反映了 C、H、O、S 和 N 元素转化的方向性和自发性。负的 ΔS 值表明在煤氧化过程中随着 C、H、O、S 和 N 元素的释放会降低系统自由度,正 ΔG 的值表明在煤氧化过程中 C、H、O、S 和 N 元素的迁移转化为非自发的。

（6）煤低温氧化过程中元素迁移转化的动力学和热力学特性反映煤的自燃本质。煤的自燃过程为连锁反应，首先涉及氧气分子进攻煤分子结构中的活性氢，氧化生成过氧化物中间体以及释放热量。这些热量为煤的进一步氧化反应提供能量。然后，氧气分子进攻 C 元素和其他元素，这些过程需要较多的能量。在煤低温氧化过程中，煤对氧气化学吸附、中间络合物生成以及不稳定中间络合物分解均为放热过程，这些热量为煤的自燃提供了热量，然而煤低温氧化过程中 C、H、O、S 和 N 元素迁移转化为非自发性的。

参考文献

[1] WANG H，DLUGOGORSKI B Z，KENNEDY E M. Coal oxidation at low temperatures：oxygen consumption，oxidation products，reaction mechanism and kinetic modeling[J]. Progress in Energy and Combustion Science，2003，29：487-513.

[2] CARRAS J N，YOUNG B C. Self-heating of coal and related materials：models，applications and test methods[J]. Progress in Energy and Combustion Science，1994，20：1-15.

[3] YÜRÜM Y，ALTUNTAŞ N. Air oxidation of Beypazari lignite at 50 ℃，100 ℃ and 150 ℃[J]. Fuel，1998，77：1809-1814.

[4] LYNCH B M，LANCASTER L I，MACPHEE J A. Carbonyl groups from chemically and thermally promoted decomposition of peroxides on coal surfaces：detection of specific types using photoacoustic infrared Fourier transform spectroscopy[J]. Fuel，1987，66：979-983.

[5] BORAH D，BARUAH M K. Kinetic and thermodynamic studies on oxidative desulphurisation of organic sulphur from Indian coal at 50-150 ℃[J]. Fuel Processing Technology，2001，72：83-101.

[6] BORAH D. Desulphurization of organic sulphur from coal by electron transfer process with Co^{2+} ion[J]. Fuel Processing Technology，2005，86：509-522.

[7] MOORE W J. Basic physical Chemistry[M]. New Delhi：Prentice-Hall，1994.

[8] TEVRUCHT M L E，GRIFFITHS P R. Activation energy of air-oxidized bituminous coals[J]. Energy Fuels，1989，3：522-527.

[9] COATS A W，REDFERN J P. Kinetic parameters from thermogravimetric data[J]. Nature，1964，201：68-69.

[10] HOROWITZ H H，METZGER G. A new analysis of thermogravimetric traces[J]. Analytical Chemistry，1963，35：1464-1468.

[11] ACHAR B N N，BRINDLEY G W，SHARP J H. Kinetics and mechanism of dehydroxylation processes，Ⅲ. Applications and limitations of dynamic methods[J]. In Proceedings of the International Clay Conference，Jerusalem，1996，1：67-73.

[12] FREEMAN E S，CARROLL B. The application of thermoanalytical techniques to

reaction kinetics: the thermogravimetric evaluation of the kinetics of the decomposition of calcium oxalate monohydrate[J]. The Journal of physcial chemistry,1958,62: 394-397.

[13] CIMADEVILLA J L G,Á LVAREZ R,PIS J J. Influence of coal forced oxidation on technological properties of cokes produced at laboratory scale[J]. Fuel Processing Technology,2005,87: 1-10.

[14] WANG H,DLUGOGORSKI B Z,KENNEDY E M. Examination of CO_2,CO,and H_2O formation during low-temperature oxidation of a bituminous coal[J]. Energy Fuels,2002,16: 586-592.

[15] SMITH G C.MIT Department of Chemical Engineering[D].Boston:MIT,1992.

[16] WEI J. Adsorption and Cracking of N-alkanes over ZSM-5: negative activation energy or reaction[J]. Chemical Engineering Science,1996,51: 2995-2999.

[17] GUPTA V,BAMZAI K K,KOTRU P N,et al. Dielectric properties,acconductivity and thermal behaviour of flux grown cadmium titanate crystals[J]. Materials Science and Engineering B,2006,130: 163-172.

[18] ATKINS P W. Physical Chemistry[M]. Oxford: Oxford University Press,1994.

[19] DHUPE A P,GOKARN A N,Doraiswamy L K. Investigations into the compensation effect at catalytic gasification of active charcoal by carbon dioxide[J]. Fuel,1991,70: 839-844.

[20] ESSENHIGH R H,MISRAF M K. Autocorrelations of kinetic parameters in coal and char reactions[J]. Energy Fuels,1990,4: 171-177.

[21] YIP K,NG E,LI C Z,et al. A mechanistic study on kinetic compensation effect during low-temperature oxidation of coal chars[J]. Proceedings of the Combustion Institute,2011,33: 1755-1762.

CHAPTER 7

煤低温氧化特性的关联性分析及应用研究

煤低温氧化过程中的微观特性变化是其宏观特征变化的内在本质，而宏观特征变化是微观特性变化的外在表现。微观特性变化与宏观表现二者之间必然存在一定的相关性，在煤低温氧化过程中的这种相关性与其氧化转化机理密切相关。基于此，本部分结合煤低温氧化过程中微观特性和宏观特征的变化规律进行关联性研究，探讨煤低温氧化机理，同时对研究结果进行应用性的分析。

7.1 质量变化与微观官能团关联(活性氢的计算)

7.1.1 关联性分析

第 5 章研究结果表明，煤低温氧化过程会涉及一系列活性官能团的迁移转化，这些活性官能团主要包括脂肪族 C—H 活性组分以及含 C ═ O 活性组分，例如醌类、酮类、醛类、酸类、脂类和酸酐等。依据前面的研究结果可以得出，在煤氧化过程中脂肪族 C—H 组分会被氧化为含氧化合物，从而引起煤有机体组成的改变，相应地煤体质量也会发生变化。已有研究表明，煤结构中 α 位氢的活性最高，在低温氧化过程中容易发生氧化反应而生成含 C ═ O 类化合物，煤低温氧化过程中典型的消氢加氧化学反应可以用方程(7-1)和方程(7-2)表示[1-3]：

coal — oxidation, -2H(2), +O(16) → coal (7-1)

coal — oxidation, -2H(2), +2O(32), +H(1) → coal (OH, O; O, OH) (7-2)

在反应式(7-1)中，活性亚甲基组分首先会被氧化成过氧化物中间体，然后被进一步氧化为含羰基类的化合物，例如醌类化合物等。在此反应过程中，一个亚甲基(—CH_2—)转化为一个羰基(—C═O)，相当于增加一个O原子减少两个H原子；从质量变化角度来看，相当于低温氧化过程中每消耗一单位氢原子，煤样质量就会增加7个单位。在反应式(7-2)中，苯环中两个相连的活性亚甲基组分首先会被氧化成过氧化物中间体，然后被进一步氧化为羧酸类化合物。在此反应过程中，两个亚甲基(—CH_2—)转化为两个羰基(—COOH)，相当于增加一个O原子减少1/2个H原子；从质量变化角度来看，相当于低温氧化过程中每消耗一单位氢原子，煤样质量就会增加15.5个单位。基于上面分析可以看出，在煤低温氧化过程中，煤样质量的变化与煤微观官能团的变化密切相关，二者之间是否存在某种相关性？这是本部分研究的主要内容。

为了揭示煤样质量变化与微观结构官能团变化的相关性，本研究以SD煤为例进行恒温氧化实验。在恒温氧化过程中煤样质量的变化通过TG连续检测，微观结构变化规律通过原位红外光谱进行在线测定。同时温度是影响煤低温氧化过程的关键因素，因此分别在100 ℃、125 ℃、150 ℃、175 ℃、200 ℃和230 ℃条件下进行煤的恒温氧化实验，氧化时间为7 h。

在煤低温氧化过程中，煤样质量变化受到一系列过程的控制，这些过程包括：水分挥发过程，煤中内在含氧官能团热分解过程以及煤与氧气氧化反应过程。其中煤样质量的增加主要是由于煤与氧气发生氧化反应引起的，因此在探讨煤样质量变化与煤微观结构官能团变化的关系时，主要以煤与氧气发生氧化反应所引起的质量变化为计算依据。而煤样在空气气氛及氮气气氛下质量变化的差值反映的就是煤与氧气发生氧化反应所引起的质量变化。在150 ℃和200 ℃恒温氧化条件下，SD煤质量随氧化时间变化的规律如图7-1所示。从图7-1可以看出，在氮气气氛下，煤样质量随着时间增加呈现出减小的趋势；在空气气氛下煤样质量随着氧化时间的增加表现出先降低后增加的趋势；而恒温氧化实验TG差减谱图显示在开始氧化阶段煤样质量就迅速增加，随后煤样质量呈现出缓慢增加的趋势。对比可以发现恒温氧化实验TG差减谱图能很好地反映煤氧化过程中由于煤与氧气氧化反应所引起的煤样质量变化的情况。

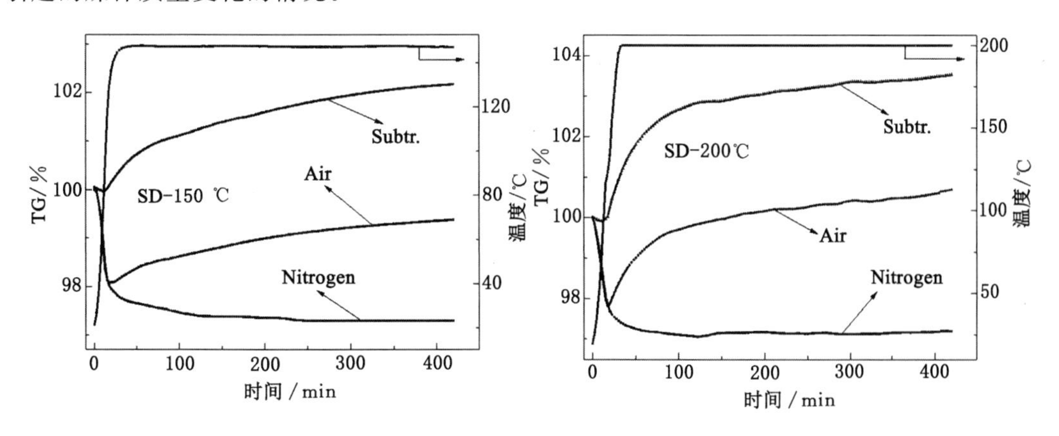

图7-1 煤恒温氧化过程中煤样质量随氧化时间变化的规律

在不同氧化温度下的差减谱图中，煤样质量随氧化时间变化的情况如图7-2所示。从

图 7-2 可以看出,在不同氧化温度下(230 ℃除外),在初始氧化阶段煤样质量迅速增加,随后增加趋势减缓。并且随着氧化温度的增加,煤样质量增加量也显著提高,例如在 100 ℃时氧化 7 h,煤样质量大约增加 0.5%,而在 200 ℃条件下氧化 7 h,煤样质量增加 3.5%。然而继续升高温度到 230 ℃时,煤样质量在初始氧化半个小时内,煤样质量迅速增加到最大值,约为初始质量的 103.6%,随后煤样质量迅速降低。这种现象表明煤氧化过程产生的中间络合物在 230 ℃条件下会迅速分解,因而煤样在较高温度下发生的氧化反应过程较为复杂。

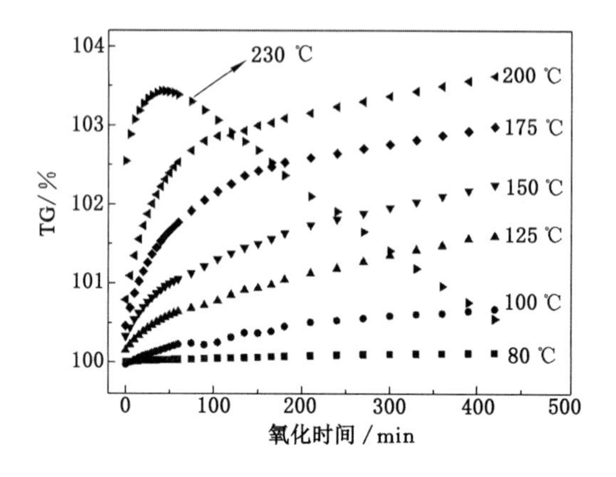

图 7-2　不同氧化温度下差减谱图中煤样质量随氧化时间的变化

在煤低温氧化过程中会生成含—C ═ O 类化合物,包括醌类、酮类、醛类、酸类、脂类、酸酐和羧酸盐类等化合物,它们在不同恒温氧化条件下的变化规律已在第 5 章进行了详细的说明。不同氧化温度下,这些含—C ═ O 类化合物总含量与煤样质量的关系如图 7-3 所示。从这些图可以看出,不同氧化温度下这些含—C ═ O 类化合物总含量与煤样质量呈现出明显的线性关系,线性回归得到回归线性方程及相关系数也显示在图 7-3 中。线性相关系数显示它们的线性度都在 96 %以上。同时从图 7-3 可以看出,这些线性方程的斜率随着氧化温度的增加而增大,例如在 100 ℃和 125 ℃时,线性方程斜率为 0.13;当氧化温度增加到 150 ℃时,线性方程斜率为 0.20;当氧化温度为 200 ℃时,线性方程斜率为 0.27。线性方程斜率表示的意义是煤样质量每增加一个单位所对应的含—C ═ O 类化合物增加的单位。这些结果表明,随着氧化温度的增加,煤与氧气氧化反应生成的含氧官能团所引起的煤质量增加的难度增大,即增加相同质量煤样所需要的氧化反应更多。这与在不同温度下,煤氧化过程的不同以及氧化生成含氧化合物的种类和含量的不同密切相关。例如,在反应(7-1)中,每发生一个氧化反应,煤样质量会增加 7 个单位;而在反应(7-2)中,每发生一个氧化反应煤样质量会增加 15.5 个单位。这些研究结果表明,随着氧化温度的增加,煤低温氧化过程中更倾向于进行类似于方程(7-1)的氧化反应。

7.1.2　活性氢的计算

煤低温氧化会影响煤热加工工艺特性,例如煤热解、气化、炼焦及液化等。尽管目前普遍认为这种工业性质的破坏是由于煤低温氧化过程中活性氢(可转移氢)含量减少引起的,但目前对有关煤中活性氢(可转移氢)含量以及它们在煤有机大分子结构中赋存形式等方面内容的了解还很少,变化机理也不清楚[3-5]。近年来,Larsen 等[6]国外研究者研究煤与醌或

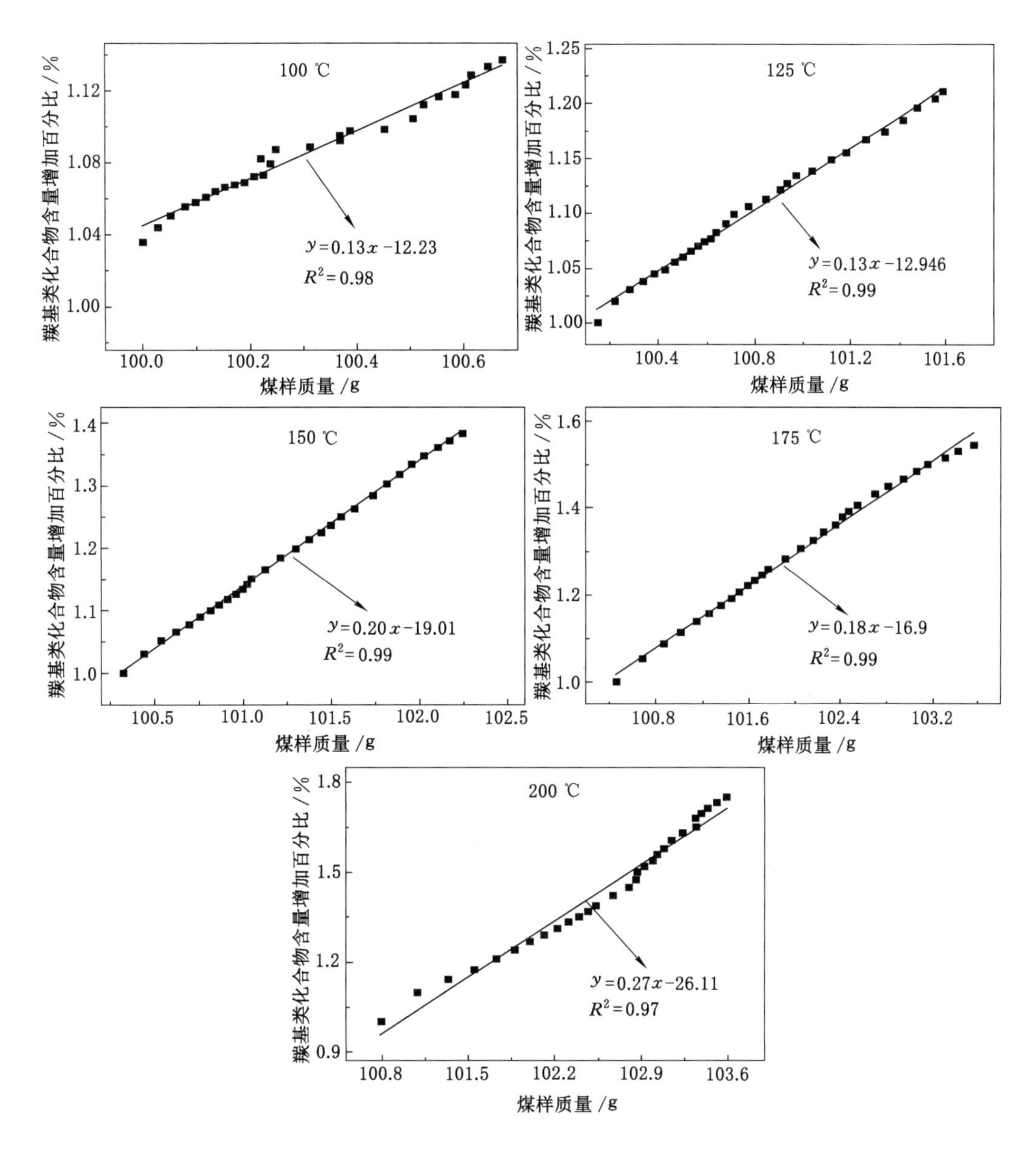

图 7-3 含—C═O 类化合物总增量与煤样质量的关系

硫的反应，以期从煤分子结构中脱出氢原子，然而由于煤与这些试剂反应的选择性以及反应剧烈程度等问题不太清楚，从而无法确定煤分子结构中活性氢的含量。Yokono 等[7]在 420 ℃ 温度下利用煤与聚合芳香 C—H 化合物的反应来评估煤中活性氢(可转移氢)含量，尽管这种方法得出的数据表明在这种热处理过程中，煤中活性氢会发生转移，然而由于这种反应在 420 ℃高温下进行，各种类型的复合反应都有可能发生，因此煤中本征的活性氢(可转移氢)很难被客观评估。因此，要想获得准确的活性氢含量，首先应该明确所选择的测定方法会涉及哪些活性位点。前面的研究表明，煤低温氧化过程会涉及煤中脂肪族 C—H 活性组分，特别是活性较高的 α 位 C—H 组分，这些活性组分中的 H 原子就是典型的活性氢(可转移氢)。而煤的低温氧化反应过程较为温和，主要涉及煤中脂肪族 C—H 活性组分，因而所涉及的反应较为单一。因此，可用煤低温氧化反应（温度不高于 200 ℃）来评估煤中活性氢的含量。在煤低温氧化过程中所消耗的脂肪族 C—H 组分即被认为是活性氢（可转移氢）。

在反应式(7-1)中，每减少一个亚甲基（$—CH_2$），就会增加一个羰基（—C ═ O），从极端条件考虑，认为亚甲基中的两个氢原子只有一个为活性氢，因此依据反应式(7-1)可转化（被氧化）的活性氢数量为 $\Delta m/7/2$；反应式(7-2)可转化（被氧化）的活性氢数量为 $\Delta m/15.5$，其中 Δm 为煤样质量增加量。同时不排除其他的氧化反应，例如与氧原子相连的亚甲基（$—CH_2—$）被氧化成脂类化合物等。对于$—CH_2—O$ 转化为—COO—的反应，质量变化情况与反应式(7-1)相类似。

煤低温氧化过程生成的含 C ═ O 类化合物主要包括醌类、酮类、醛类、羧酸类、脂类、酸酐和羧酸盐类。从质量转化角度考虑，生成这些含氧化合物的氧化反应可以分为两类：第一类质量转化计算过程类似于反应式(7-1)，这类反应包括生成醌类、酮类、醛类、脂类、酸酐的反应，其反应可转化（被氧化）的活性氢数量为 $\Delta m/7/2$；第二类质量转化计算过程类似于反应式(7-2)，这类反应包括生成羧酸类和羧酸盐类的反应，其反应可转化（被氧化）的活性氢数量为 $\Delta m/15.5$。因此在煤低温氧化过程中，被氧化的活性氢量可通过下面的式子进行计算：

$$H_T = \Delta m \times w_1/14 + \Delta m \times w_2/15.5 \tag{7-3}$$

式中，H_T 为某一温度 T 下煤低温氧化所消耗的活性氢量，mg/g；Δm 为每 100 g 煤样低温氧化过程质量的增加量，mg/100 g；w_1 为醌类、酮类、醛类、脂类和酸酐类化合物所占的质量分数，%；w_2 为羧酸类和羧酸盐类化合物所占的质量分数，%；其中 $w_1 + w_2 = 100$。

SD 煤在不同温度下恒温氧化 7 h 后羧酸类和羧酸盐类化合物含量之和占总的含 C ═ O化合物含量的比例（w_2%）如图 7-4。从图 7-4 所示可以看出，随着氧化温度的增加，含—COO—类化合物的含量呈现出先降低后增加再降低的趋势，但其值始终保持在 33%左右。相应地，w_1 随氧化温度的变化可以通过差减得到。

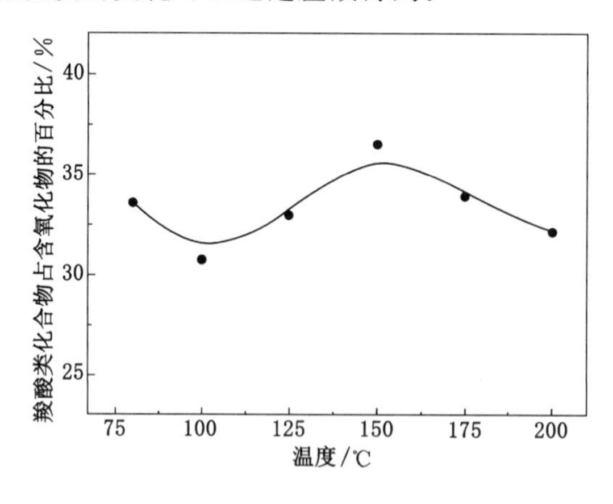

图 7-4　羧酸类和羧酸盐类化合物含量之和占总的含 C ═ O 化合物含量的比例

通过式(7-3)计算得到的各个氧化温度下可转移的活性氢量如图 7-5 所示。从图 7-5 可以看出，随着氧化温度的增加，煤中可转移的活性氢数量呈现出增加的趋势。在 80～125 ℃时，每增加 25 ℃，可转移的活性氢数量约增加 0.25 mg/g；在 125～175 ℃时，每增加 25 ℃，可转移的活性氢数量约增加 0.75 mg/g；当氧化温度从 175 ℃增加到 200 ℃，可转移的活性氢数量约增加 0.11 mg/g。这些数据表明，随着氧化温度的增加，可转移的活性氢增加幅度呈现出先增加后降低的趋势，在 125～175 ℃温度区间增加幅度最大。另外可以看到，在温度高于 175 ℃时，可转移的活性氢增加幅度很小，这表明在较高温度下，可能发生了复杂的氧化过程，从而导致计算误差较大。从这个意义上来说，煤样在 175 ℃的氧化可用来估算评估 SD 煤中可转移的活性氢的含量。因此，煤的低温氧化过程可作为一种有效的途径用于评价煤中活性氢的含量。然而对于不同煤种来说，最佳氧化温度可能有所不同，有待于进一步研究。

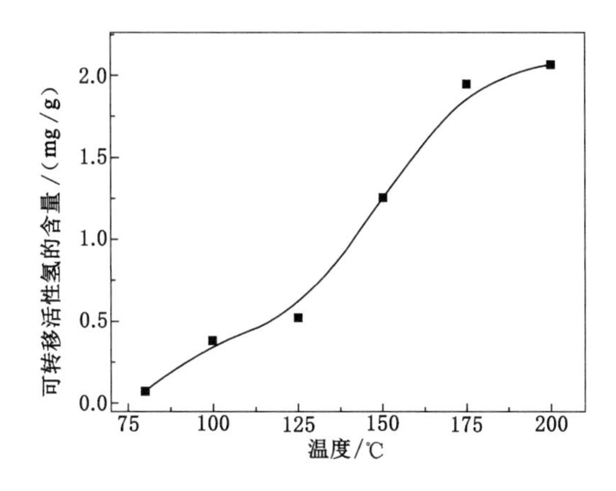

图 7-5　不同氧化温度下煤中可转移的活性氢数量

7.2 质量变化与热量变化的关联研究(预测煤自燃倾向性的方法)

7.2.1 关联性分析

煤样质量变化与热量变化是煤低温氧化过程中两个典型的宏观表现，二者之间密切关联。煤的低温氧化涉及一系列的物理化学过程，包括煤中水分的挥发过程，内在含氧官能团的热分解过程以及煤与氧气氧化反应过程。在这些过程中，伴随着煤样质量和热量的变化。例如，在煤中水分挥发以及内在含氧官能团热分解的过程中，煤样质量是一个减小的过程，从热量角度来看是一个吸热过程；在煤与氧气氧化反应过程中，煤样质量是一个缓慢增加的过程，从热量角度来看是一个放热过程。在煤自燃过程中，煤自燃所需要的热量主要由煤与氧气氧化反应放出，这就是所谓煤自燃的煤氧复合学说。煤与氧气氧化反应是决定煤低温氧化过程的关键，因此对煤与氧气氧化反应所引起的质量和热量变化的相关性研究非常关键。

第 4 章研究表明，空气气氛与氮气气氛下 TG(DSC)曲线的差减谱图，可以很好地反映煤与氧气氧化反应过程中质量(热量)的变化。在煤与氧气氧化反应过程中，涉及煤与氧气复合生成中间络合物，以及不稳定中间络合热分解的过程。煤与氧气复合生成中间络合物会引起煤体质量的增加，相应地是一个放热过程；而不稳定中间络合热分解会导致煤体质量的降低，相应地是一个吸热过程。正是这两个过程共同控制着煤与氧气的氧化反应，决定着煤炭质量和热量的变化。在前面研究的基础上，本部分主要进行煤与氧气氧化反应过程中质量变化与热量变化的内在相关性的分析。基于质量分别为 10 mg 的 XM 煤、SD 煤和 ZZ 煤在 1 K/min 升温速率下的 TG-subtr.和 DSC-subtr.数据进行关联性分析，三种煤在程序升温过程中热量与质量的比值(q/m)随氧化温度变化的结果如图 7-6 所示。

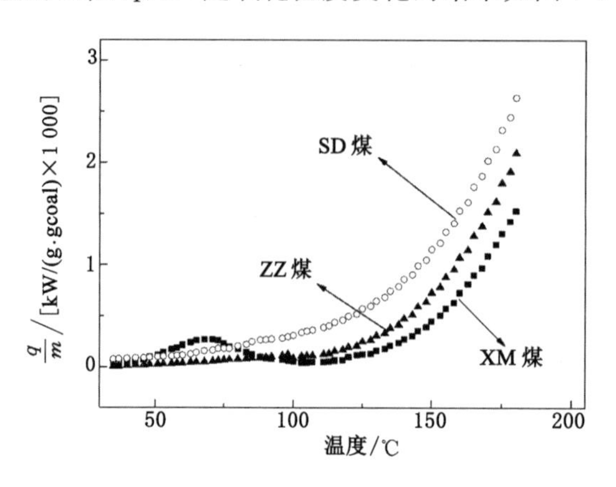

图 7-6　三种煤程序升温氧化过程中 q/m 随温度变化的规律

q/m 反映的是质量变化与放热强度的关系。从图 7-6 可以看出，这三种煤 q/m 随温度的增加表现出不同的变化规律。对于 XM 褐煤，q/m 随着氧化温度的增加呈现出先增加(30～80 ℃)后降低(80～120 ℃)再增加(120～180 ℃)的趋势。这说明 XM 煤与氧气氧化过程中质量和热量变化存在不一致性。对于 SD 煤和 ZZ 煤，q/m 随着氧化温度的增加表现出先缓慢增加，然后迅速增大，质量变化和热量变化存在协同性。在煤低温氧化过程中质量和热量变化是由中间络合物的生成过程和分解过程共同控制的，XM 煤在氧化过程中生成的中间络合物稳定性差，随着氧化温度的增加容易分解(温度高于 80 ℃)，从而引起 q/m 的降低，当温度高于 120 ℃时，氧化反应加剧，中间络合物生成速率远大于其分解速率，从而 q/m 表现出增加的趋势；对于 SD 煤和 ZZ 煤，在氧化反应过程中，中间络合物生成速率一直大于其分解速率，从而表现出质量变化和热量变化的协同性。同时从图 7-6 可以看出，在温度低于 80 ℃时，XM 煤 q/m 表现出增大值；随着氧化温度的增加，q/m 大小顺序为 SD 煤＞ZZ 煤＞XM 煤。这些结果表明，在较低温度下，XM 煤易发生氧化放热反应，而在较高温下，XM 煤氧化放热强度小于 SD 煤和 ZZ 煤。

7.2.2　一种预测煤自燃倾向性的方法

假设煤与氧气氧化反应放热速率遵循 Arrhenius 定律，则放热速率 q 可表示为：

$$q = mQA\exp(-E_a/RT) \tag{7-4}$$

式中　m——煤样在温度 T 时的质量，g；

Q——反应热，J/g；

A——指前因子，s^{-1}；

E_a——表观活化能，J/mol；

T——绝对温度，K；

R——普适气体常数，8.314 J/(K · mol)。

尽管在煤的氧化过程涉及多个吸热和放热反应，但是方程(7-4)被广泛用于煤氧化过程热量释放速率动力学分析[8,9]。

对式(7-4)进行重组，单位质量煤样氧化放热速率可表示为：

$$q/m = QA\exp(-E_a/RT) \tag{7-5}$$

对式(7-5)两边取对数，可表示为：

$$\ln(q/m) = \ln(QA) - E_a/RT \tag{7-6}$$

式中，某一时刻 T 时的 q 和 m 可分别通过 DSC 和 TG 曲线获得。$\ln(q/m)$对 $1/T$ 作图，通过直线的斜率和截距可分别求出动力学参数 E_a 和 QA。对于整个自燃过程，这三种煤 DSC-TGA 曲线测得的 $\ln(q/m)$对 $1/T$ 作图，结果如图 7-7 所示。

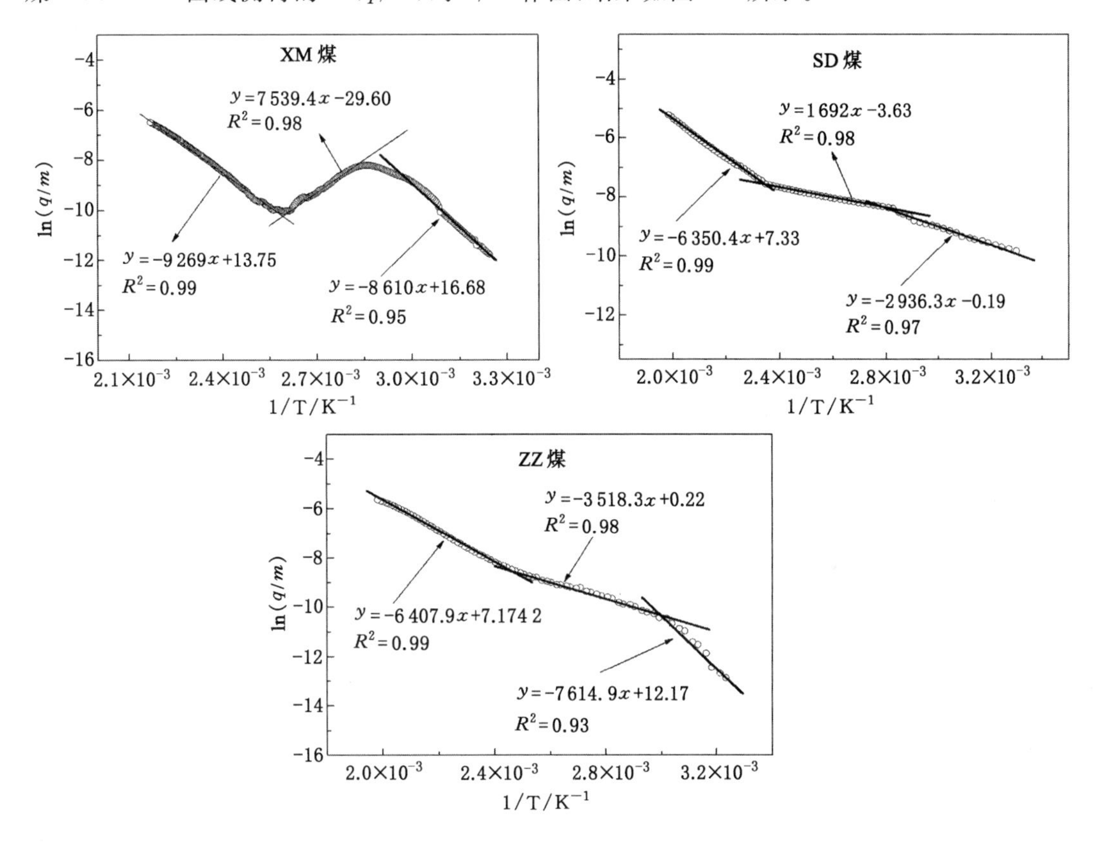

图 7-7　DSC-TGA 联合测定煤低温氧化的动力学参数

这三种煤的 $\ln(q/m)$与 $1/T$ 关系曲线都呈现出三个阶段，与前面的研究一致，这三个阶段分别对应于缓慢氧化阶段、加速氧化阶段和快速氧化阶段。通过计算得到的各个阶段的动力学参数 E_a 和 QA 显示在表 7-1 中。从图 7-7 和表 7-1 可以看出，三个阶段呈现出不同的动力学参数，这表明这三个阶段质量和热量变化行为的差异性。同时，这三个阶段的变化规律又表现出煤种的差异性，对于变质程度较低的 XM 煤，第一阶段和第三阶段活化能为正值，表明在这两个阶段，随着煤样质量增加，煤体表现出放热特性，质量变化与热量变化表现出协同性；而第二阶段活化能为负值，表明这个阶段的 q/m 的不一致性，在煤样质量增加的同时，煤体伴随着吸热过程。这一现象与重油的低温氧化过程相类似。Khansari 等[10-12]在 50～350 ℃温度范围内利用热分析技术研究 Lloydminster 重油低温氧化过程时发现，重油的氧化过程可分为四个阶段，第一阶段和第三阶段的活化能为正值，而第二阶段和第四阶段的活化能为负值。在煤或者重油的低温氧化过程中，q/m 由中间络合物的生成及其分解过程共同控制，在第二阶段由于中间络合物的分解吸热速率大于其生成放热速率，从而 q/m 为负值。对于 SD 煤和 ZZ 煤，这三个阶段的活化能均为正值，这说明在整个煤低温氧化过程中，表现出质量变化与热量变化的协同性，即共同促进煤自热过程的进行；然而第二阶段活化能均小于第一阶段和第三阶段的活化能，这表明第二阶段对煤低温氧化过程起着重要的作用。结合 XM 煤第二阶段的氧化特性，可以得出煤与氧气氧化反应过程的第二阶段(80～150 ℃)决定着煤低温氧化过程的发展方向。

表 7-1　　DSC-TGA 联用测得的煤低温氧化的动力学参数

煤种	第一阶段		第二阶段		第三阶段	
	E_a/(kJ/mol)	ln(QA)/(W/g)	E_a/(kJ/mol)	ln(QA)/(W/g)	E_a/(kJ/mol)	ln(QA)/(W/g)
XM 煤	71.58	16.68	−62.68	−29.60	77.06	13.75
SD 煤	24.41	−0.19	14.07	−3.63	52.80	7.33
ZZ 煤	63.31	12.17	29.25	0.22	53.28	7.17

一般来说，煤低温氧化过程向两个方向发展，一个是煤自然风化方向，另一个是煤自燃方向。XM 煤在氧化反应的第二阶段表现出质量变化与热量变化的不一致性，质量增加伴随着热量的降低；结合表 4-11 中的数据，XM 煤在第二阶段放热量最小，仅为 52.43 kJ/kg，并且表 7-1 显示，第三阶段的活化能以 XM 煤为最大，这些数据表明 XM 煤在低温氧化的第二阶段发展为自燃过程的难度较大，因此认为 XM 煤在低温氧化过程中更容易进入风化过程。而 SD 煤，在第二阶段的质量变化与热量变化相协同，并互相促进；并且表 4-11 中数据显示，SD 煤在第二阶段放热量最多，约为 181.53 kJ/kg；同时第三阶段活化能较小，仅为 52.80 kJ/mol，这些数据表明 SD 在低温氧化过程更易进入煤自燃过程。对于 ZZ 煤，其低温氧化特性与 SD 煤相类似，不同之处在于第一阶段与低温阶段的活化能相对较高；然而 ZZ 煤第二阶段放热量为 65.76 kJ/kg 高于 XM 煤，并且第三阶段活化能低于 XM 煤，与 SD 煤相接近，因此相比而言，ZZ 煤低温氧化过程易于进入煤自燃过程，但其自燃倾向性低于 SD 煤。这些结果与三种煤实际情况相一致，因此认为基于 DSC-TGA 的单一程序升温下的 q/m 判断煤低温氧化发展方向的一个依据相对合理，并且 q/m 可用于不同煤种自燃倾向性的鉴定。这种方法是基于煤与氧气氧化反应，与其他煤自燃倾向性鉴定方法相比，此方法反映煤自燃过程本质特征更具真实性，并且操作方法简单，耗时短，作为一种测定煤自燃倾向性的有效方法具有潜在的优势。

7.3 元素的转化规律与放热量(煤氧化放热量的估算)

煤自燃的根源在于低温氧化过程中煤与氧气氧化反应热量的释放。第 6 章研究表明，煤低温氧化过程会涉及 C、H、O、S 和 N 元素的迁移转化，这些元素的迁移转化会释放热量，物质和能量守恒原理表明煤与氧气氧化反应过程释放的热量应与煤低温氧化过程中元素迁移转化释放的热量近似等同。因此本部分主要基于煤低温氧化过程中 C、H、O、S 和 N 元素迁移转化的动力学及热力学特性进行研究，试图建立一种动态模型，用于预测煤低温氧化的放热量。

SD 煤低温氧化过程中各元素转化的热量释放随氧化温度变化的规律如图 7-8 所示。从图 7-8 可以看出，SD 煤低温氧化过程中各元素转化的热量释放与氧化温度之间近似为线性关系，因此各元素热量释放可表示为温度 T 的函数，记为 $H_T=H(T)$。同样在煤低温氧化过程中，煤的工业分析和元素分析也会发生变化，SD 煤低温氧化过程中元素含量的变化如图 6-2 所示，把元素含量与氧化温度的关系记为 $C_T=C(T)$，相应地煤中灰分含量和水分含量分别记为 $A_T=A(T)$ 和 $M_T=M(T)$。对于单位质量的煤样，当煤样温度升高微元单

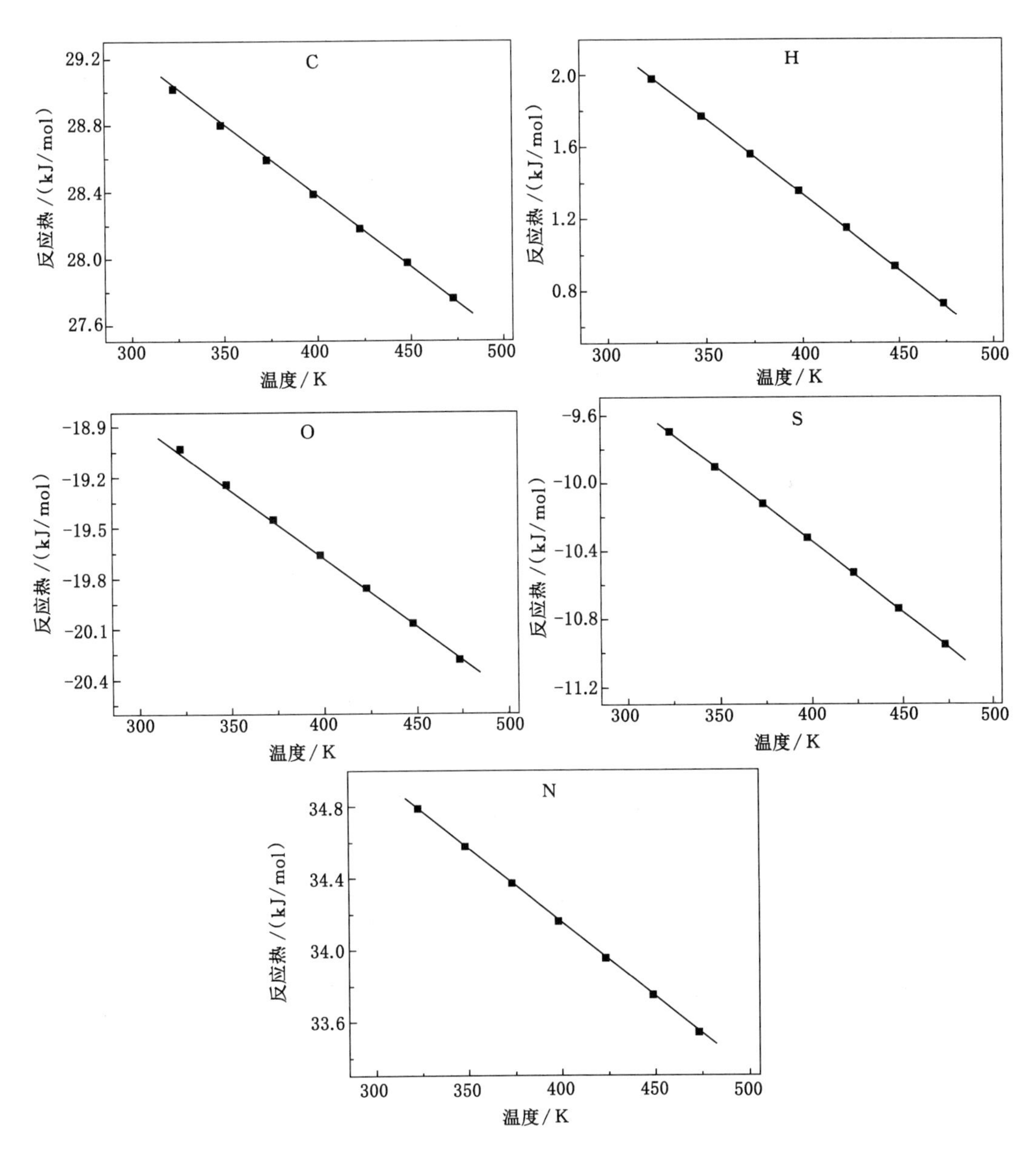

图 7-8　各元素在迁移转化过程中热量释放随氧化温度变化的规律

位 ΔT 时，煤中灰分含量和元素含量分别记为 $A_{T+\Delta T}$ 和 $C_{T+\Delta T}$。因此，在温度升高微元单位 T 时任意一种元素迁移转化过程中所引起的热量变化 ΔH_x 可表示为：

$$\Delta H_x = \frac{(1 - A_{T+\Delta T} - M_{T+\Delta T})C_{T+\Delta T} - (1 - A_T - M)C_T}{M_x} H_T \tag{7-7}$$

其中，x 代表煤中 C、H、O、S 和 N 元素中的任意一种，M_x 为元素 x 的相对分子质量。当煤样温度升高微元单位 ΔT 时，$A(T)$ 和 $M(T)$ 基本不变，即 $A_T \approx A_{T+\Delta T}$ 和 $M_T \approx M_{T+\Delta T}$，则式(7-7)可变为：

$$\Delta H_x = \frac{(1 - A_T - M_T)\Delta C_T}{M_x} H_T \tag{7-8}$$

因此，在温度升高微元单位 ΔT 的煤低温氧化过程中 C、H、O、S 和 N 五种元素迁移转化总热量变化可以表示为：

$$\sum_x \Delta H_x = \sum \frac{(1 - A_T - M_T)}{M_x} \Delta C_T H_T \tag{7-9}$$

在煤自燃过程中，当煤体温度从室温升高温度到 T 时，煤中 C、H、O、S 和 N 五种元素迁移转化放出的总热量 Q 可以用式(7-10)表示：

$$Q = \sum_T \sum_x \Delta H_x = \sum_x \frac{(1 - A_T - M_T)}{M_x} \Delta C_T H_T \tag{7-10}$$

用积分代替求和公式，用微分代替微元公式，式(7-10)可表示为：

$$Q = \int_0^T \sum_x \frac{(1 - A_T - M_T)}{M_x} \mathrm{d}C_T H_T \tag{7-11}$$

把 $f(T) = C'(T)$ 代入式(7-11)中，则：

$$Q = \int_0^T \sum_x \frac{(1 - A_T - M_T)}{M_x} f(T)\mathrm{d}T \tag{7-12}$$

交换求和符号和积分符号，同时把 $A_T = A(T)$，$M_T = M(T)$ 和 $H_T = H(T)$ 代入式(7-12)中，式(7-12)变为：

$$Q = \sum_x \int_0^T \frac{1 - A(T) - M(T)}{M_x} f(T)\mathrm{d}TH(T) \tag{7-13}$$

其中，$C_T = C(T)$、$A_T = A(T)$、$M_T = M(T)$ 和 $H_T = H(T)$ 可分别通过实验得到。

假定在一定的升温速率下，即 $T = \beta t$，因此 $\mathrm{d}T = \beta \mathrm{d}t$，相应地 $A(T) = A(\beta t)$，$M(T) = M(\beta t)$，$C'(T) = f(\beta t)$，因此式(7-13)可以变为：

$$Q = \sum_x \int_0^t \frac{1 - A(\beta t) - M(\beta t)}{M_x} f(\beta t) H(\beta t)\mathrm{d}t \tag{7-14}$$

对于质量为 m 的露天煤堆或者采空区浮煤，其在升温过程中的总的放热为：

$$Q = m \sum_x \int_0^t \frac{1 - A(\beta t) - M(\beta t)}{M_x} f(\beta t) H(\beta t)\mathrm{d}t \tag{7-15}$$

因此，通过式(7-15)可以计算在一段时间内的煤低温氧化过程中的放热量。如果能结合煤体散热模型，就可以预测煤自燃状态。

7.4 煤低温氧化的阶段性特征(活化能的对比)

综合前面的研究可以发现,无论是基于煤低温氧化过程中气相产物释放,还是基于煤低温氧化过程中质量及热量变化,或者是基于煤低温氧化过程中微观官能团的转化,计算得到的动力学特性都呈现出三个阶段:30～80 ℃、80～150 ℃和150～200 ℃,分别对应于煤低温氧化缓慢氧化阶段、加速氧化阶段和快速氧化阶段,即煤的低温氧化过程呈现出阶段性特征。同时可以看出,在不同研究方法下得到的三个阶段的活化能都随着煤温的升高而增加,即对于同一类型活性组分,在温度较低时,首先发生的是反应活化能较小的反应,随着温度升高,活化能高的同类型基团才能够被活化而发生反应。下面以亚甲基为例进行说明,例如 $Ar—CH_2—CH_2—Ar$ 和 $Ar—CH_2—Ar$ 等,由于与亚甲基相连的官能团以及所处的环境的不同,而引起煤中不同位置亚甲基反应活性的不同,从而在煤低温氧化过程中发生不同的氧化途径,导致反应活化能的差异。在煤自热过程中,首先发生氧化反应的是活化能较低的反应($Ar—CH_2—Ar$ 氧化反应),氧化过程释放的热量为活化能较高的同类型亚甲基氧化反应提供能量。相应地,其他同类活性基团也表现出相类似的规律,这个过程可称为"同类型基团自氧化行为"。

为了探讨低温氧化过程中不同类型基团煤阶段性特征,不同研究方法计算得到的煤低温氧化三个阶段的活化能如图7-9所示。从图7-9可以看出,不同研究方法得到的煤低温氧化过程中三个阶段的活化能存在明显差异。这是由于煤低温氧化过程既受到煤中甲基和亚甲基与氧气反应生成过氧化合物过程的控制,又受到中间络合物迁移转化过程的控制,同时还受到中间氧化物分解为气相产物过程的控制。

典型的煤低温氧化过程反应序列如图7-10所示。从图7-10可以看出,甲基和亚甲基的氧化过程发生在煤与氧气化学吸附生成中间络合物阶段,因而通过甲基和亚甲基含量的变化计算得到的活化能只能反映煤低温氧化反应序列的初级阶段的动力学特性。CO_2 和 CO 释放速率受到中间氧化物的热稳定性的影响,通过 CO_2 和 CO 释放计算得到的活化能反映的是低温氧化反应序列的最后阶段的动力学特性。煤低温氧化过程质量的变化主要受到甲基和亚甲基与氧气反应生成过氧化合物过程控制,和中间氧化物分解为气相产物过程的控制,通过煤样质量变化计算得到的活化能反映的是这两个过程动力学特性。热量的变化发生在煤低温氧化的整个过程中,通过系统热量变化计算得到的活化能是一系列反应共同作用的结果。因而采用不同研究方法计算得到的煤低温氧化过程中三个阶段的活化能存在差异。这些研究结果表明,基于任何一种宏观特性或者微观结构变化得出的活化能都不能全面地反映煤低温氧化整个过程的动力学特性。

尽管各种研究方法得到的煤低温氧化过程各个阶段的活化能是不同的,但是从图7-9可以看出,基于煤低温氧化过程中亚甲基和甲基转化过程计算得到的各个阶段的活化能最小,其次是基于质量和热量变化的活化能,以 CO_2 和 CO 生成速率计算得到的数值最大。这些结果表明,不同基团的活性是不同的,亚甲基和甲基反应活性最高,反应活化能最低;释放 CO_2 和 CO 的前驱体氧化物反应活性最低,反应活化能最高;而通过热量和质量变化计算得到的活化能是多个过程的共同作用结果,接近煤低温氧化过程的平均活化能,活化能大小处于二者之间。如图7-10所示,从煤自燃的反应序列来看,首先发生的是亚甲基和甲基

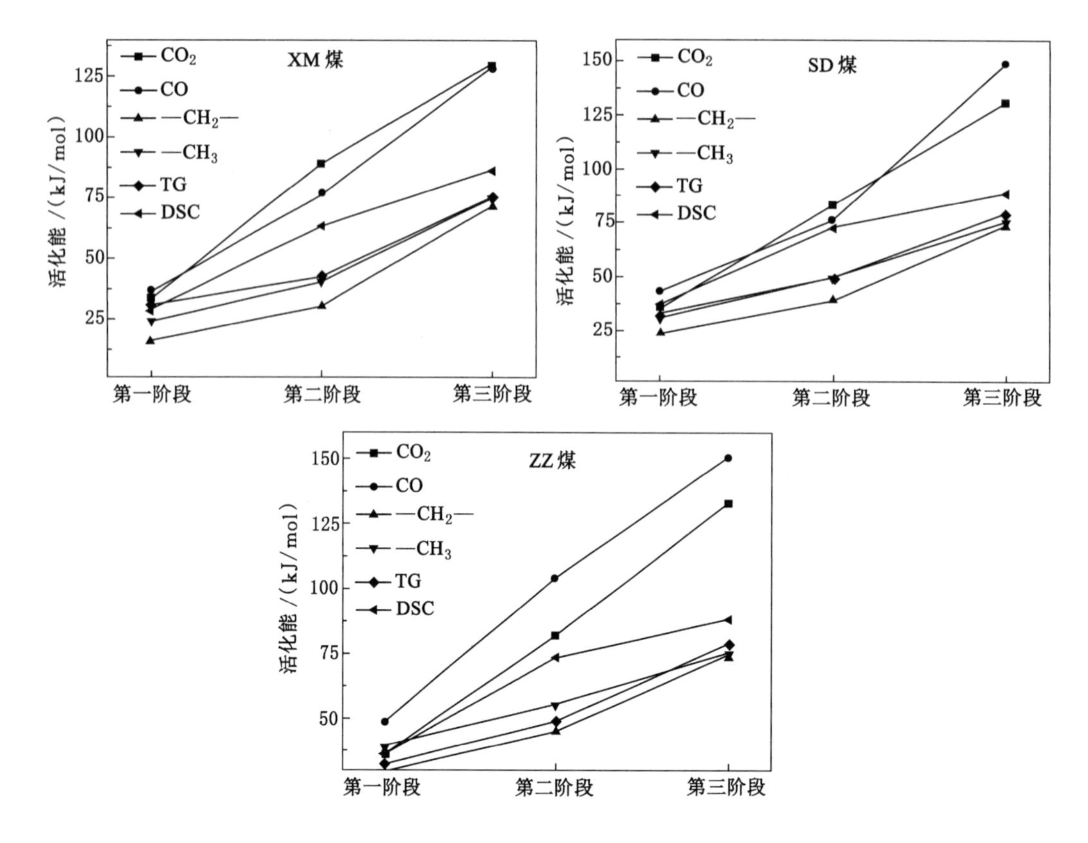

图 7-9　不同研究方法得到的煤低温氧化三个阶段的活化能

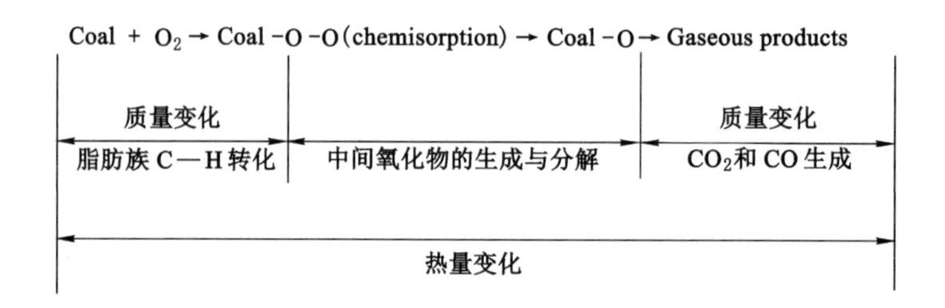

图 7-10　典型的煤低温氧化反应序列

的氧化过程，煤样质量和热量随后才发生变化，最后进行的是生成的中间氧化物分解为 CO_2 和 CO 的过程。这表明在一个氧化反应序列中，首先发生的是活化能最低的反应，最后进行的是活化能最高的反应，前面的反应过程释放的热量为后面的反应提供能量，从而保证反应序列的进行。这个过程可称作“同反应序列自氧化行为”。

不同煤种之间也存在明显的差别，即不同变质程度的煤具有不同低温氧化阶段性特性。由于不同煤中活性基团组成和含量的不同，从而引起煤低温氧化反应途径的不同。更确切地说，不同煤种在煤低温氧化过程中会同时受到“同类型基团自氧化行为”和“同反应序列自氧化行为”这两个反应过程的控制，从而引起各个阶段活化能的差别，表现出不同的煤自燃倾向性。

同时从图 7-9 可以看出，亚甲基第一阶段的反应活化能很低，仅为 20 kJ/mol 左右，这表明煤中的亚甲基很容易受到氧气的进攻而发生氧化反应。并且如图 7-10 所示的煤低温氧化反应序列，当煤中亚甲基发生氧化反应时，这个反应序列就开始启动，这就是煤炭容易进行低温氧化的原因，因此亚甲基第一阶段的活化能可用来反映煤低温氧化特性。但是，对于这个反应序列来说，煤的低温氧化过程还要受到其他反应过程的控制，最主要的是受到含氧化合物分解过程的控制，而影响煤低温氧化的进程。

事实上，在煤自燃过程中，“同类型基团自氧化行为”和“同反应序列自氧化行为”同时进行，相互交叉，相互协同，共同促进煤自燃过程的进行。在评价煤的自燃倾向时，既要考虑“同类型基团自氧化行为”，又要兼顾“同反应序列自氧化行为”，即从煤低温氧化宏观特性和微观结构变化相结合的角度来分析和研究煤自燃过程，才能更全面准确地反映煤的自燃倾向性。

7.5 煤低温氧化机理的探讨(气相产物释放规律与 FTIR 结果关联)

如图 7-10 所示，煤低温氧化起源于煤中反应活性较高的亚甲基和甲基与氧气发生氧化反应，并且煤中活性官能团的迁移转化贯穿煤低温氧化的整个反应序列。而第 3 章的研究表明，氧化气相产物(CO_2 和 CO)释放途径与煤种特性相关，XM 煤的 CO_2 生成主要来自于煤大分子结构中的含氧官能团的热分解过程，而 CO 释放主要来自于煤与氧气氧化反应过程；ZZ 煤低温氧化过程中生成的 CO_2 主要来自于煤与氧气发生的氧化反应，CO 主要来自于煤内在的含氧官能团的热分解反应。这些研究结果表明气相产物释放与含氧官能团氧化分解密切相关。因此本部分主要基于微观官能团变化及气相产物释放规律，探讨煤低温氧化序列的反应机理。

结合图 5-8～图 5-10 以及图 5-19 可以看出，在煤低温氧化初级阶段(30～80 ℃)就有醛类、羧酸类、酮类以及醌类化合物的生成，这表明生成这些含氧化合物的活化能较低，反应容易进行。而煤中最容易发生氧化反应的活性官能团为亚甲基，特别是与芳香环相连的 α 位 —CH_2—活性最高，因此煤低温氧化过程中醛类、羧酸类、酮类以及醌类化合物主要通过反应式(7-16)～(7-21)生成。结合煤种特性及各种含氧化合物在煤低温氧化过程中的生成规律，可以推断出 XM 煤羧酸类化合物生成途径主要以反应式(7-16)为主，而 ZZ 煤主要以反应式(7-17)为主；XM 煤酮类化合物生成途径主要以反应式(7-19)为主，而 ZZ 煤主要以反应式(7-18)为主；XM 煤醌类化合物生成途径主要以反应式(7-21)为主，而 ZZ 煤主要以反应式(7-20)为主。

(1) 羧酸类物质生成

$$\text{Ar—CH}_2\text{—CH}_2\text{—Ar} \xrightarrow[\geqslant 50\ ℃]{O_2} \text{Ar—CH}_2\text{—O—OH} \longrightarrow \text{Ar—CHO} \xrightarrow[\geqslant 100\ ℃]{O_2} \text{Ar—COOH} \tag{7-16}$$

$$\text{Ar—CH}_3 \xrightarrow[\geqslant 100\ ℃]{O_2} \text{Ar—CH}_2\text{—O—OH} \longrightarrow \text{Ar—CHO} \xrightarrow[\geqslant 100\ ℃]{O_2} \text{Ar—COOH} \tag{7-17}$$

（2）酮类物质生成

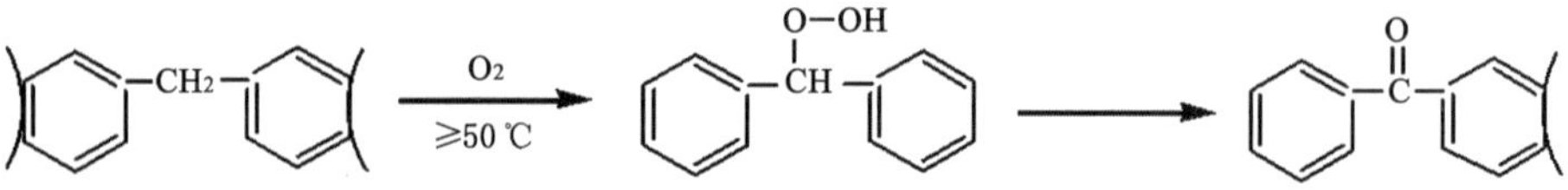

CH_2 —(O_2, ≥50 ℃)→ O—OH, CH → C, O

(7-18)

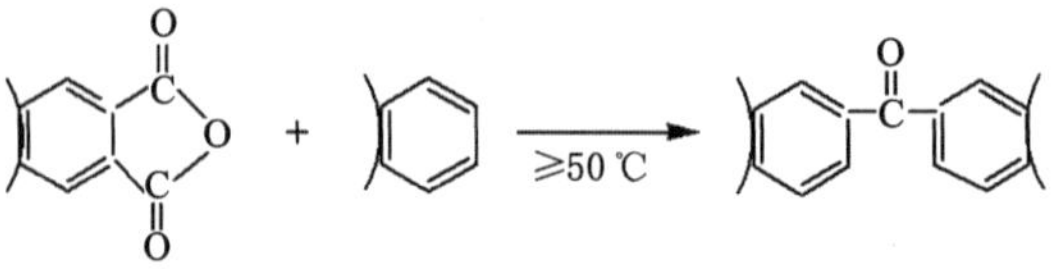

O, C, O, C, O + —(≥50 ℃)→ O, C

(7-19)

（3）醌类物质生成

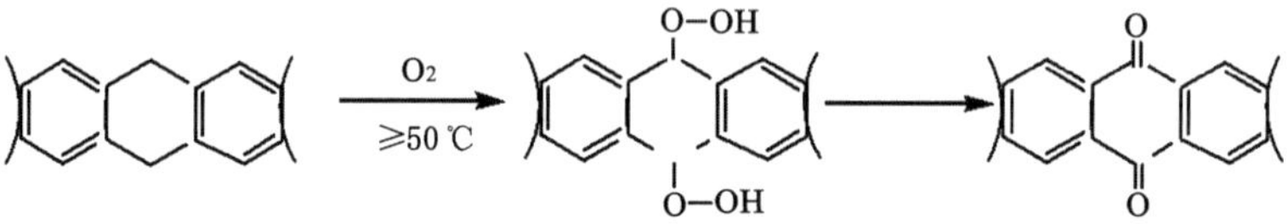

—(O_2, ≥50 ℃)→ O—OH, O—OH → O, O

(7-20)

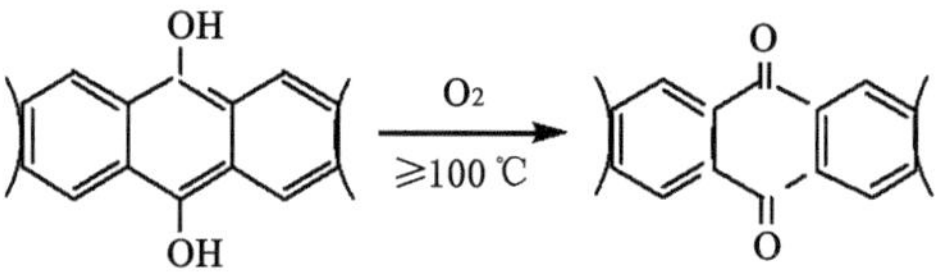

OH, OH —(O_2, ≥100 ℃)→ O, O

(7-21)

（4）脂类物质生成

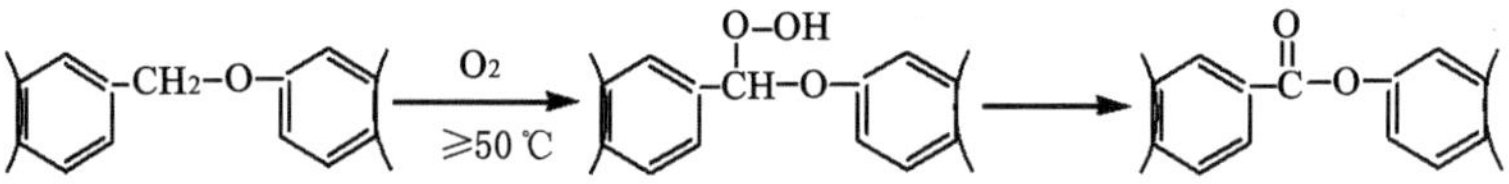

CH_2—O —(O_2, ≥50 ℃)→ O—OH, CH—O → O, C—O

(7-22)

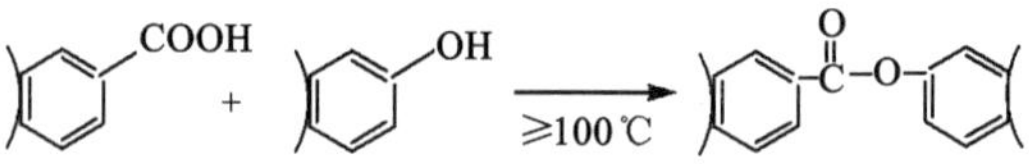

COOH + OH —(≥100 ℃)→ O, C—O

(7-23)

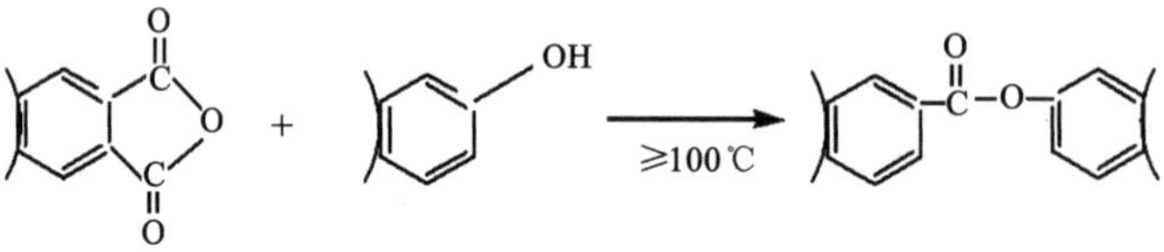

O, C, O, C, O + OH —(≥100 ℃)→ O, C—O

(7-24)

（5）酸酐类物质生成

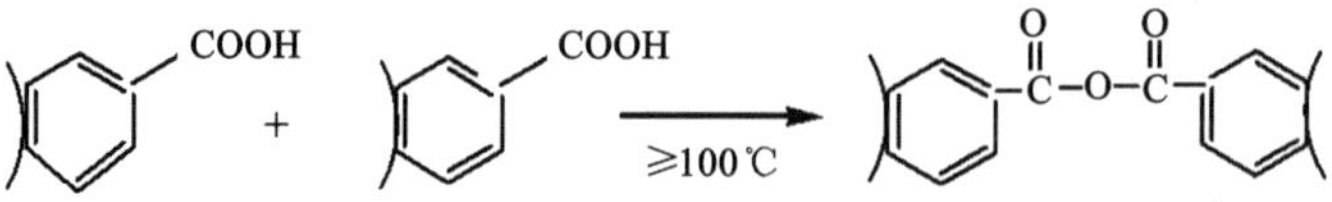

COOH + COOH —(≥100 ℃)→ O, O, C—O—C

(7-25)

（6）气相产物生成

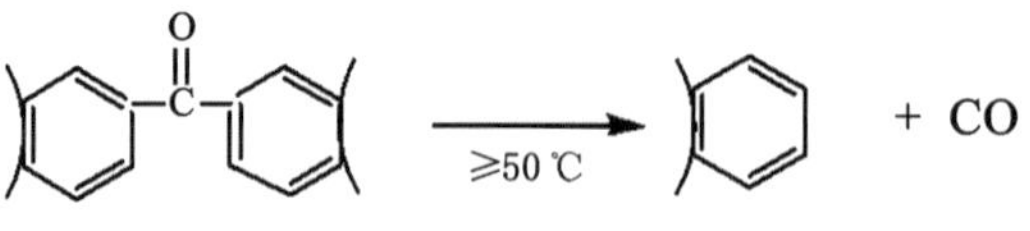

O, C —(≥50 ℃)→ + CO

(7-26)

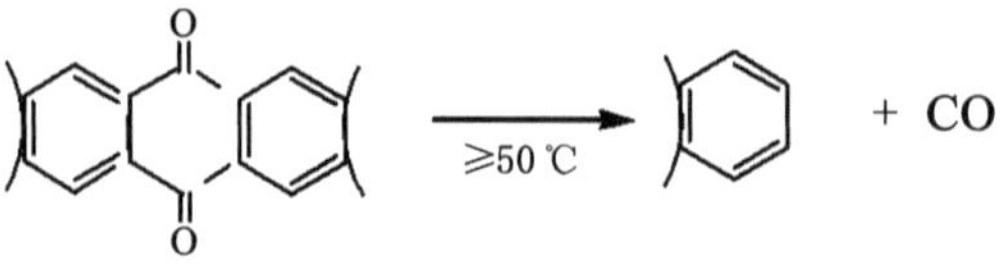

O, O —(≥50 ℃)→ + CO

(7-27)

$$\text{Ar-COOH} \xrightarrow{\geqslant 50\ ^\circ\text{C}} \text{Ar-H} + CO_2 \tag{7-28}$$

前面的研究表明，当氧化温度高于 100 ℃，煤中脂类开始大量生成；当氧化温度高于 150 ℃时，脂类化合物成为煤低温氧化的主要产物。煤低温氧化过程中脂类化合物生成反应如式(7-22)～(7-24)所示，结合煤种特性，可以推断 XM 煤脂类化合物的生成以反应式(7-22)～(7-23)为主，而 ZZ 煤以反应式(7-24)为主。煤低温氧化过程中酸酐类化合物生成如反应式(7-25)所示，主要以羧酸的缩合反应为主。

图 7-10 所示煤低温氧化过程中 CO_2 和 CO 的释放途径以含氧化合物的热分解反应为主，如式(7-26)～(7-28)所示。CO 主要通过酮类和醌类化合物的脱羰反应生成，而 CO_2 主要通过羧酸类物质脱羧反应生成。第 3 章的研究表明，XM 煤、SD 煤和 ZZ 煤低温氧化过程释放 CO_2 的两个途径涉及中间体络合物基本相同；而释放 CO 的两个途径涉及不同的中间体络合物。综合所有研究结果可以推断，这三种煤 CO_2 前驱体化合物为羧酸类氧化物，而 XM 煤 CO 前驱体主要为酮类化合物，ZZ 煤 CO 前驱体主要为醌类化合物。

7.6 本章小结

本部分内容通过对煤低温氧化过程中宏观表现与微观特征的关联性研究，以及对研究结果的应用性分析，得出的主要结论如下：

(1) 质量变化与微观官能团转化的相关性研究表明，煤低温氧化过程中质量变化与含氧官能团转化密切相关，同时煤氧化过程中活性氢消耗量与煤样质量变化存在如下计量关系：$H_T = \Delta m \times w_1/14 + \Delta m \times w_2/15.5$，通过煤低温氧化过程中质量变化可以计算出煤中活性氢的含量。煤低温氧化可用于评估煤中可转移的活性氢含量的估算。

(2) 由煤与氧气氧化反应所引起的质量和热量变化密切相关。基于 DSC-TGA 的单一程序升温下的 q/m 可作为判断煤低温氧化潜在方向的一个重要依据，并且 q/m 可用于不同煤种自燃倾向性的鉴定。这种方法基于煤与氧气氧化反应，与其他煤自燃倾向性鉴定方法相比，更能真实反映煤自燃过程的本质特征，并且操作方法简单，耗时短，作为一种测定煤自燃倾向性的方法具有较大的可行性。

(3) 基于元素迁移转化动力学及热力学特性，建立了煤低温氧化热量释放的动态模型 $Q = m\sum_x \int_0^t \dfrac{1 - A(\beta t) - M(\beta t)}{M_x} f(\beta t) H(\beta t)\,\mathrm{d}t$，通过该模型可以估算出一段时间内煤低温氧化过程中的放热量。

(4) 煤低温氧化呈现出阶段性特征。基于反应活性的不同，煤低温氧化过程中存在“同类型基团的自氧化行为”和“同反应序列的自氧化行为”，这两种反应行为相互交叉、相互协同，共同促进煤自燃过程的进行。在评价煤的自燃倾向时，既要考虑“同类型基团自氧化行为”，又要兼顾“同反应序列自氧化行为”，即从煤低温氧化宏观特性和微观结构变化相结合的角度分析和研究煤自燃过程，才能更全面准确地反映煤自燃倾向性。

(5) 煤低温氧化起源于煤中与苯环相连的活性较高的 α 位—CH_2—与氧气发生的氧化

反应。不同煤种由于与 α 位—CH_2—相连的官能团的不同，从而引起 α 位—CH_2—发生不同的氧化反应，这是导致不同煤种低温氧化途径和氧化产物差别的根本原因。

（6）三种煤 CO_2 前驱体化合物一致，均为羧酸类氧化物，而 CO 前驱体则不同，XM 煤主要为酮类化合物，ZZ 煤主要为醌类化合物。

参考文献

[1] KIDENA K,MURAKAMI M,MURATA S,et al. Low-temperature oxidation of coal-suggestion of evaluation method of active methylene sites [J]. Energy Fuels,2003,17：1043-1047.

[2] YURUM Y,ALTUTAS N. Air oxidation of Beypazari lignite at 50 ℃,100 ℃ and 150 ℃[J]. Fuel,1998,77：1809-1814.

[3] LOPEZ D,SANADA Y,MONDRAGON F. Effect of low-temperature oxidation of coal on hydrogen-transfer capability[J]. Fuel,1998,77：1623-1628.

[4] CLEMENS A H,MATHESON T W,LYNCH L J,et al. Oxidation studies of high fluidity coals[J]. Fuel,1989,68：1162-1167.

[5] CLEMENS A H,MATHESON T W. Further studies of Gieseler fluidity development in New Zealand coals[J]. Fuel,1992,71：193-197.

[6] LARSEN J W,AZIK M,LAPUCHA A,et al. Coal dehydrogenation using quinones or sulfur[J]. Energy Fuels,2001,15：801-806.

[7] YOKONO T,TAKAHASHI N,SANADA Y. Hydrogen donor ability (Da) and acceptor ability (Aa) of coal and pitch. 1. Coalification,oxidation,and carbonization paths in the Da-Aa diagram[J]. Energy Fuels,1987,1：360-362.

[8] KÖK M V,OKANDAN E. Kinetic analysis of DSC and thermogravimetric data on combustion of lignite[J]. Journal of thermal analysis calorimetry,1996,46：1657-1669.

[9] OZBAS K E,KÖK M V,Hicyilmaz C. DSC study of the combustion properties of Turkish coals [J]. Journal of thermal analysis calorimetry,2003,71：849-856.

[10] KHANSARI Z,KAPADIA P,MAHINPEY N,et al. A new reaction model for low temperature oxidation of heavy oil：Experiments and numerical modeling [J]. Energy,2014,64：419-428.

[11] KHANSARI Z,GATES I D,MAHINPEY N. Low-temperature oxidation of Lloydminster heavy oil：Kinetic study and product sequence estimation[J]. Fuel,2014,115：534-538.

[12] KHANSARI Z,GATES I D,MAHINPEY N. Detailed study of low-temperature oxidation of an Alaska heavy oil[J]. Energy Fuels,2012,26：1592-1597.

CHAPTER 8

总结与展望

煤炭作为基础能源和重要原料，在保障我国能源安全中的地位不可替代。而与煤低温氧化相关的煤炭自燃问题严重制约着煤炭工业的快速发展。煤在低温氧化过程中会呈现出一系列宏观表现及微观特性。宏观表现主要体现在：气相氧化产物释放、煤炭质量改变以及系统热量变化等；微观特性主要表现在：活性官能团和元素迁移转化等。基于此，本书选取了三种不同变质程度的典型煤种：XM 煤、SD 煤和 ZZ 煤作为研究对象，采取不同研究方法，借助于反应动力学理论及中间络合物理论等，系统研究了这三种煤在程序升温和恒温氧化过程中煤与氧气氧化反应的宏观表现及微观特性，同时对它们之间的关联性进行了分析，在此基础上探讨了煤的低温氧化机理，并对研究结果进行应用性的验证，得到了一系列有意义的结论。

8.1 总结

（1）煤低温氧化过程中生成 CO_2 和 CO 的前驱体为煤大分子结构中含氧的活性位点。煤低温氧化过程中 CO_2 和 CO 释放主要来自两个途径：煤中内在含氧官能团热分解过程和煤中活性位点与氧气氧化反应过程。变质程度较低的 XM 煤低温氧化过程中生成的 CO_2 主要来自于煤大分子结构中的含氧官能团的热分解，而变质程度较高的 ZZ 煤低温氧化过程中生成的 CO_2 主要来自于煤与氧气发生的氧化反应。XM 煤氧化过程中 CO 的释放主要来自于煤与氧气的氧化反应，而 ZZ 煤氧化过程中生成的 CO 主要来自于煤内在的含氧官能团的热分解反应。CO_2 释放活化能与煤种特性无关，表明生成 CO_2 的两个途径涉及相同中间体络合物，为羧酸类氧化物；CO 释放活化能表现出与煤种的相关性，这说明生成 CO 的两个途径有可能涉及不同的中间体络合物，XM 煤主要为酮类化合物，ZZ 煤主要为醌类化合物。

（2）通过空气气氛和氮气气氛下的 TG 曲线和 DSC 曲线以及二者差减谱图，可以把煤低温氧化分为三个过程：脱水过程、热解过程和煤与氧气氧化反应过程。TG 和 DSC 差减谱图可以分别反映煤与氧气氧化反应所引起的质量和热量变化。升温速率是影响煤低温氧化的主要因素，随着升温速率的增加，空气气氛和氮气气氛下的特征温度及活化能均表现出增大的趋势。与升温速率相比，煤样质量对煤低温氧化过程的影响较小。空气气氛与氮气气氛差谱曲线，不仅能反映煤与氧气的本征氧化反应，而且很好地消除了升温速率及煤样质量所带来的实验误差。煤低温氧化过程中的质量和热量变化受到中间络合物生成过程和不稳定中间氧化物分解过程的共同作用，不同煤种低温氧化过程中生成的中间氧化物稳定性不同，从而引起质量和热量变化的不同。随着煤变质程度的增加，煤与氧气氧化反应生成的中间络合物的稳定性增加。由煤与氧气氧化反应所引起的质量和热量变化密切相关。基于DSC-TGA 的单一程序升温下的 q/m 可作为判断煤低温氧化潜在发展方向的一个重要依据，q/m 可用于不同煤种自燃倾向性的鉴定。

(3) 三种原煤红外谱图分析结果表明，XM 煤中含有更多含 C ═ O 类官能团，而 SD 煤和 ZZ 煤中含有更多的脂肪族 C—H 组分，这是导致不同煤种低温氧化反应途径和氧化产物差别的根本原因。亚甲基在煤自燃初级阶段起着主导作用，煤低温氧化起源于煤中与苯环相连的活性较高的 α 位—CH_2—基团与氧气发生的氧化反应。不同煤种由于与 α 位—CH_2—基团相连的官能团的不同，从而引起 α 位—CH_2—基团发生不同的氧化反应，这些差别决定着不同煤种低温氧化行为的不同。煤氧化过程中甲基和亚甲基的转化过程可用二级反应模型来描述。煤低温氧化过程中不同类型含 C ═ O 化合物的转化途径是不同的，与煤种具有相关性。酮类、羧酸类和醌类氧化产物在较低温度就能生成，表明生成这些化合物组分的脂肪族 C—H 组分活性较高。酮类化合物的生成最有可能涉及煤中 α 位—CH_2—的氧化反应，而酸类化合物的生成不仅可以通过 α 位—CH_2—氧化反应生成，而且可以通过醛类氧化生成。煤低温氧化过程中醛类化合物主要通过煤中甲基氧化反应生成，而甲基反应活性较低，在较高温度下才能发生氧化反应生成醛类。在温度低于 100 ℃时，醌类化合物主要通过氢化芳香环结构中的 α 位—CH_2—氧化反应生成；当氧化温度高于 100 ℃时，过氢化芳香环结构中的 α 位—CH_2—基本被完全消耗，醌类化合物主要通过酚羟基氧化反应生成。在 100 ℃之前，三种煤的主要氧化产物为酮类化合物、醌类化合物以及羧酸类化合物；温度高于 150 ℃时，Ar—CO—O—Ar 含量迅速增加，脂类化合物成为主要的氧化产物。

(4) 中间络合物的生成和分解在煤低温氧化过程中起着重要作用，这些过程涉及 C、H、O、S 和 N 元素的迁移转化。这些元素的转化遵循准一级反应动力学模型和 Coats and Redfern's模型，这两种模型计算得到的活化能接近。这些元素在转化过程表现出较低的反应速率常数及指前因子，表明煤低温氧化过程非常缓慢。C、H 和 N 元素转化的活化能为正值。H 元素迁移转化活化能最低，表明氢元素在煤低温氧化过程中最易受到氧分子的进攻。N 元素转化的活化能最大。氧元素的转化表现出负的活化能，这与 O 元素在煤低温氧化过程中同时参与中间络合物的生成过程以及不稳定中间络合物分解过程有关。硫元素转化的表观活化能为负值，这可能是与硫元素的释放为放热过程有关。同时研究发现，不同元素活化能与指前因子之间存在动力学补偿效应。C、H 和 N 元素的转化以及有机硫的转化为吸热过程，O 元素转化和硫铁矿硫的氧化为放热过程，这些元素的转化与其氧化产物密切相关。在煤低温氧化过程中，这些元素迁移转化的 ΔS 和 ΔG 值反映了 C、H、O、S 和 N 元素转化的方向性和自发性，负的 ΔS 值显示在煤氧化过程中随着 C、H、O、S 和 N 元素的释放降低了系统的自由度，正的 ΔG 值显示在煤氧化过程中 C、H、O、S 和 N 元素的迁移转化为非自发的。煤低温氧化过程中元素迁移转化的动力学和热力学特性反映煤的自燃本质，煤的自燃过程的连锁反应中，首先涉及的是氧气分子进攻煤分子结构中的活性氢，氧化生成过氧化物中间体以及释放热量，为煤的进一步氧化反应提供能量。随后的是氧气分子进攻C元素和其他元素，这些过程需要较多的能量。而煤低温氧化过程中，煤对氧气的化学吸附、中间络合物的生成以及不稳定中间络合物的分解均为放热过程，这为煤的自燃提供了热量。

(5) 基于元素迁移转化动力学及热力学特性，建立了煤低温氧化热量释放的动态模型 $Q=m\sum_{x}\int_{0}^{t}\frac{1-A(\beta t)-M(\beta t)}{M_x}f(\beta t)H(\beta)t\,\mathrm{d}t$，通过该模型可以估算出一段时间内煤低温氧化过程中的放热量。

(6) 煤低温氧化过程中质量变化与含氧官能团转化密切相关，煤氧化过程中活性氢消耗量与煤样质量变化存在如下计量关系：$H_T=\Delta m\times w_1/14+\Delta m\times w_2/15.5$，通过煤低温氧化过程中质量变化可以计算煤中活性氢的含量。

(7) 无论是基于煤低温氧化过程中气相产物释放，还是该过程中的质量及热量变化，或者是其微观官能团的转化，计算得到的动力学特性都呈现出30～80 ℃、80～150 ℃和150～200 ℃的三个阶段，分别对应于煤低温氧化的缓慢氧化阶段、加速氧化阶段和快速氧化阶段，即煤的低温氧化过程的阶段性特征。对于同一种煤，甲基和亚甲基反应活性的差别主要体现在前两个阶段，不同煤种煤与氧气氧化反应活化能的差别也主要体现在前两个阶段，这表明在煤低温氧化前两个阶段涉及不同的氧化反应，而第三阶段相差不大。缓慢氧化阶段和加速氧化阶段的活化能可作为评价煤自燃倾向性的技术指标参数。

(8) 基于反应活性的不同，提出了煤低温氧化机理，认为：煤低温氧化过程中同类型活性官能团之间存在“同类型基团自氧化行为”，同反应序列的不同类型官能团之间存在“同反应序列自氧化行为”，这两种反应行为同时存在，相互交叉，相互协同，共同促进了煤自燃过程的进行。在评价煤的自燃倾向时，既要考虑“同类型基团自氧化行为”，又要兼顾“同反应序列自氧化行为”，即从煤低温氧化宏观特性和微观结构变化相结合的角度分析和研究煤自燃过程，更全面准确地反映煤自燃倾向性。

8.2 创新点

(1) 发现了煤低温氧化过程中生成 CO_2 和CO的不同途径及其与煤变质程度间的关联：变质程度低的煤中 CO_2 主要来自于煤大分子结构中的含氧官能团的热分解，CO主要来自于煤与氧气的氧化反应；变质程度较高的煤中 CO_2 主要来自于煤与氧气发生的氧化反应，CO主要来自于煤内在的含氧官能团的热分解反应。不同煤中 CO_2 前驱体化合物一致，均为羧酸类氧化物；而CO前驱体化合物各异，XM煤主要为酮类化合物，ZZ煤主要为醌类化合物。

(2) 确定了不同温度下煤低温氧化生成的不同产物类型：氧化温度低于100 ℃时，煤氧化的主要产物为酮类化合物、醌类化合物以及羧酸类化合物；温度高于150 ℃时，脂类化合物成为主要的氧化产物。

(3) 将煤复杂的有机体以其最基本的组成元素 C、H、O、S 和 N 作为单体，探明了这些元素在煤低温氧化过程中的变迁规律及反应动力学特性，并借助于中间络合物理论，分析了煤低温氧化过程的热力学特性。基于此，建立了煤低温氧化热量释放的模型：

$$Q = m \sum_{x} \int_{0}^{t} \frac{1 - A(\beta t) - M(\beta t)}{M_x} f(\beta t) H(\beta t) \mathrm{d}t$$

使用该模型可以较好地估算出一段时间内煤低温氧化过程中的放热量。

(4) 基于煤低温氧化过程中活性氢消耗量与煤样质量的内在关系得出煤中活性氢含量的计算公式：$H_T = \Delta m \times w_1 / 14 + \Delta m \times w_2 / 15.5$，为煤低温氧化的活性预测提供了依据。

(5) 基于同类型活性官能团和同反应序列的不同类型官能团反应活性的不同，提出煤低温氧化“同类型基团自氧化行为”和“同反应序列自氧化行为”的机理。

8.3 展望

本书在继承和发展前人研究方法和研究成果的基础上，提出了一些新的研究思路和研究方法，系统考察了不同煤种低温氧化过程中的宏观表现及微观特性，并分析了它们之间的关联性，提出了煤低温氧化机理新认识，得到了一些重要的结论，但由于煤种结构复杂性以及影响煤低温氧化的内外因素的多样性，作者认为本工作还需在以下三个方面开展进一步的研究：

(1) 研究更多煤种低温氧化特性，验证实验结论的普遍性；

(2) 进一步完善煤低温氧化放热模型，与煤体散热模型相结合，预测煤自燃状态；

(3) 结合煤低温氧化宏观表现及微观特性的特征参数，进一步完善煤自燃倾向性的鉴定指标。